普通高等教育"十三五"规划教材
Web应用&移动应用开发系列规划教材

U0362694

Java
基础案例教程

主 编　罗 剑　肖 念　邢 翠
副主编　赵传氏　项祖琼　廖春琼　袁 梅

华中科技大学出版社
http://www.hustp.com
中国·武汉

内 容 简 介

本书主要讲解了 Java 编程基础知识,从面向过程编程到面向对象编程,内容涵盖了程序的顺序结构、选择结构、循环结构,以及面向对象编程基础。通过对这些内容的学习,学生将能使用 Java 语言编写简单的程序,能运用 Java 程序解决生活中的简单问题,初步理解 Java 面向对象的编程思想。

本书可以作为应用型本科或高职高专院校计算机相关专业、软件工程、软件技术专业编程的教材,也可以作为 Java 培训班的教材和参考书籍。

为了方便教学,本书还配有电子课件等教学资源包,任课教师和学生可以登录"我们爱读书"网(www.ibook4us.com)注册并浏览,任课教师还可以发邮件至 hustpeiit@163.com 索取。

图书在版编目(CIP)数据

Java 基础案例教程/罗剑,肖念,邢翠主编. —武汉:华中科技大学出版社,2019.8(2022.2 重印)
普通高等教育"十三五"规划教材
ISBN 978-7-5680-5510-9

Ⅰ.①J… Ⅱ.①罗… ②肖… ③邢… Ⅲ.①JAVA 语言-程序设计-高等学校-教材 Ⅳ.①TP312.8

中国版本图书馆 CIP 数据核字(2019)第 184075 号

Java 基础案例教程
Java Jichu Anli Jiaocheng

罗剑 肖念 邢翠 主编

策划编辑:康 序
责任编辑:刘 静
封面设计:孢 子
责任监印:朱 玢

出版发行:华中科技大学出版社(中国·武汉) 电话:(027)81321913
　　　　　武汉市东湖新技术开发区华工科技园 邮编:430223
录　　排:武汉三月禾文化传播有限公司
印　　刷:武汉科源印刷设计有限公司
开　　本:787mm×1092mm　1/16
印　　张:11.5
字　　数:293 千字
版　　次:2022 年 2 月第 1 版第 2 次印刷
定　　价:38.00 元

前言

Java 是由 Sun 公司于 1995 年 5 月推出的 Java 语言和 Java 平台的总称。它简单、面向对象，不依赖于机器的结构，具有可移植性、鲁棒性、安全性，并且提供了并发的机制，具有很高的性能。使用 Java 可以编写桌面应用程序、Web 应用程序、分布式系统应用程序和嵌入式系统应用程序等。

当前，大部分高校计算机相关专业都开设有"Java 程序设计"课程，但是 Java 程序设计从基础到高级需要一个长期学习的过程，特别是对于大专院校的学生来说，学生学习 Java 不能求快，要打好编程基础，使学生对学习 Java 有信心、有兴趣，并且应注重编程基础的培养。基于 Java 内容过多，本书将 Java 知识分解为基础和高级两个部分，内容涵盖了 Java 基础，通过简单的案例结合编程语法，培养学生的应用能力。在本书中设置了案例视频二维码。通过扫描二维码观看视频，学生可快速掌握案例的编写过程和编程规范。本书还提供了 Java 基础项目，用以锻炼学生的面向过程编程思想和初级的面向对象意识。

本书的基本编写思路为"情境导入，知识讲解，案例分析，任务驱动，上机消化"。本书以案例驱动替代知识罗列，以提高学生动手能力；项目贯穿增强应用内容，以提升学生学习的成就感；线上与线下相结合，提供丰富的在线学习资源，方便学生学习。

本书采用知识模块与实践训练相结合的方式组织课程内容，主要内容如下。

(1)Java 程序的结构以及编程基础，包括数据类型、变量、运算符以及表达式。

(2)Java 的选择结构，包括 if 语句、if…else 语句、多重 if 语句和 switch 语句。

(3)Java 的循环结构，包括 while 语句、do…while 语句、for 语句和跳转语句。

(4)面向对象编程的基础，包括类和对象的基本概念、如何在 Java 中定义类、创建对象、使用对象，以及方法的定义和使用。

(5)Java 中的数组，包括数组的概念以及如何使用一维数组和二维数组。

(6)通过面向过程编程，制作一个电子日历。

(7)通过面向对象编程，设计猜拳游戏和影院售票系统。

本书由武汉晴川学院罗剑、武汉信息传播职业技术学院肖念和邢翠担任主编，书中的案例代码都经过了测试。武汉信息传播职业技术学院信息工程系蔡明主任和王中刚副主任对本书的编写给予了很大的支持,武汉信息传播职业技术学院软件技术教研室的其他老师也参与了部分编写工作,在此一并表示感谢。

为了方便教学,本书还配有电子课件等教学资源包,任课教师和学生可以登录"我们爱读书"网(www.ibook4us.com)注册并浏览,任课教师还可以发邮件至 hustpeiit@163.com 索取。

由于编者水平有限,书中难免存在疏漏之处,欢迎广大读者批评指正。

编者

2019 年 5 月 28 日

目录

CONTENTS

项目 1

初识 Java

项目简介

　　Java 编程语言具有高效、安全、与平台无关等很多优秀的特性,一直深受全世界各国软件工程师的青睐,在 IT 领域有着非常广泛的应用,在移动电话、互联网、数据中心与超级计算机中都有它的身影。进入移动互联网时代后,Java 发挥了它独特的优势:使用 Java 既可以编写服务器端的程序,也可以进行 Android 程序开发。通过对本门课程的学习,学生应掌握 Java 的基本语法,理解编程的逻辑,具备使用 Java 语言解决编程问题的能力,为学习后期的编程课程打下基础。本项目介绍了程序的基本概念,让学生对程序有一个初步的理解,还介绍了如何配置 JDK 环境和使用常见的 Java 开发命令,最后讲解了使用命令行和开发工具 Eclipse 编写第一个 Java 计算机程序。通过对本项目的学习,学生应能理解 Java 程序的基本结构,并能通过命令行及 Eclipse 开发 Java 程序。

学习目标

(1) 了解程序的概念。

(2) 掌握 Java 的发展。

(3) 会配置 JDK 环境。

(4) 理解 Java 程序结构。

上机任务

(1) 使用命令行开发 Java 程序。

(2) 使用 Eclipse 输出信息。

课前预习思考1

1.在使用命令行编译与运行 Java 程序时,使用 _____ 命令编译 Java 源程序,使用 _____ 命令运行 Java 程序。

2.Java 程序的入口方法是 _____。

3.在 Java 程序中,输出信息后会换行的语句是 _____。

4.Java 注释中,单行注释以 _____ 开头,多行注释以 _____ 开头并以 _____ 结尾。

任务1 了解程序的概念

◆ 一、生活中的程序

"程序"一词来源于生活。在生活中,我们经常会听到"按照程序办事"这句话,此处的"程序"通常指为进行某项活动或事件所规定的方式和过程。以现实生活中的"乘火车"为例,我们乘坐火车的程序如图 1.1 所示。

简而言之,程序可以视为对一系列执行过程的描述。我们使用计算机模拟现实生活,需要计算机按照我们规定的过程去执行,所以我们也需要使用、编写计算机程序。

◆ 二、计算机程序

计算机程序和我们日常生活中的程序很相似。我们使用计算机完成各种任务,计算机不会自行思考,它是人类手中的木偶,因此我们要明确告诉计算机需要做什么、如何完成任务,这样我们就需要给计算机下达命令,然后计算机按照我们下达的命令去执行。我们给计算机下达的每一个命令称为指令,它对应着计算机执行的一个基本动作。我们将一系列有序指令的集合称为程序。

程序是为了让计算机执行某些操作或解决某个问题而编写的一系列有序指令的集合。

那么,应该如何编写程序呢?在生活中,我们通过人类彼此共通的语言描述程序或下达命令。在计算机世界中,我们需要使用计算机能懂的语言向计算机下达指令或编制程序。本门课程我们将要学习的 Java 就是一种计算机能懂的语言。使用 Java 语言编写的程序称为 Java 程序,这种程序能被计算机理解与执行。

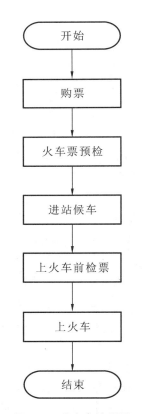

图 1.1 乘火车流程图

任务 2 熟悉 Java 语言

◆ 一、Java 的发展

Java 语言是由著名的 Sun 公司(Sun Microsystems)于 1995 年推出的高级编程语言。2010 年 Oracle 公司收购 Sun Microsystems 后,由 Oracle 公司负责管理、开发和更新 Java 语言。我们通常说的 Java 是指 Java 面向对象的程序设计语言(本书简称 Java 语言)和 Java 平台的总称。Java 语言由 James Gosling 和同事们共同研发,是目前流行的编程语言之一。在全球云计算和移动互联网的产业环境下,它发展迅速,且具备更显著的优势和广阔的前景。Java 技术的应用非常广泛,小到计算机芯片、移动电话,大到超级计算机,Java 无所不在。

Java 的图标如图 1.2 所示。Java 之父 James Gosling 如图 1.3 所示。

图 1.2 Java 的图标

图 1.3 Java 之父 James Gosling

◆ 二、Java 的应用领域

Java 技术应用较为广泛的平台有 Java SE 和 Java EE。下面,我们对这两种主要的 Java 平台及其应用领域进行介绍。

1. Java SE

Java SE(Java platform,standard edition)即 Java 平台标准版,是 Java 技术的核心,提供基础 Java 开发工具、执行环境与应用程序接口(API),主要用于桌面应用程序的开发,包括常见的安装在本地计算机上的桌面软件,如酒店管理系统(见图 1.4)。

2. Java EE

Java EE(Java platform,enterprise edition)即 Java 平台企业版,能帮助开发和部署可移植、健壮、可伸缩且安全的服务器端 Java 应用程序。Java EE 是在 Java SE 的基础上构建的,它提供 Web 服务、组件模型、管理和通信 API,可以用于实现企业级的面向服务的架构(service-oriented architecture,SOA)和 Web 2.0 应用程序。Java EE 主要用于网络程序和企业级应用的开发,如常见的基于 B/S 架构的电子商务系统,如图 1.5 所示。

图 1.4　酒店管理系统

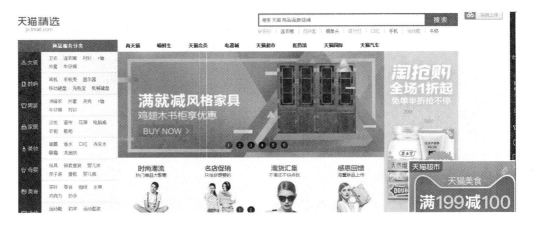

图 1.5　淘宝网

◆　三、Java 的优势

随着信息技术的发展,Java 迎来了它的春天。在关于全球开发者所偏好的编程语言的调查中,Java 一直名列前茅。而且,随着大数据技术、云计算技术与移动互联网技术的兴起,企业对 Java 软件工程师的需求越来越大。Java 之所以受热捧,主要是因为 Java 具有以下优势。

1. 安全稳定

全球有超过百亿台设备运行 Java 程序,世界 500 强中的大部分企业都使用 Java 构建信息化平台,特别是电子商务系统和金融行业中的信息化系统等,大部分都将 Java 技术作为首选技术。

2.语法较为简洁

Java 语言语法简单,容易学习。Java 的各种平台技术成熟,并且在线上拥有很多的学习资源与开源项目。相比其他编程语言,Java 的学习成本较低。

3.未来发展空间大

随着大数据技术与云计算技术的发展,Java 的应用越来越广。在移动互联网方面,Java 语言有着广泛的应用,特别是在 Android 应用开发中,使用 Java 语言作为编程语言,可以为 Java 程序员提供更多的发展机会。

4.跨平台优势

使用 Java 开发的程序能运行在不同的操作系统中,可以实现 Java 一次编写、到处运行 (write once,run anywhere)。同时,使用 Java 开发的程序能够很好地移植到不同的操作系统中,减少了不必要的开销,提高了效率。

任务3 开发第一个 Java 程序

◆ 一、JDK 概述

开发 Java 程序,首先要安装 JDK(Java development kit)。JDK 是 Java 语言的软件开发工具包。本书采用 JDK 11 版本。JDK 可以在 Oracle 公司的官方网站上免费下载。

安装 JDK 后,就可以编译和运行 Java 程序了。在 JDK 中包含两个主要的工具,第一个是 javac 即 Java 编译器,第二个是 java 即 Java 解释器,如图 1.6 所示。

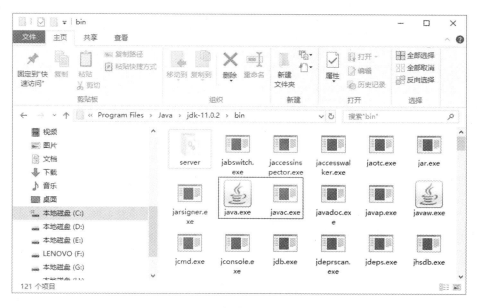

图 1.6 JDK 中的编译与运行工具

◆ 二、配置开发环境

JDK 安装成功后,还需要配置环境变量才能正常使用。配置过程分为以下 4 个步骤。

（1）右键单击"我的电脑"，在弹出的菜单中选择"属性"→"高级系统设置"→"环境变量"。选择"环境变量"的窗口如图1.7所示。

（2）配置PATH属性，如图1.8所示。PATH属性允许系统在任何路径下识别Java命令。

图 1.7　选择"环境变量"的窗口

图 1.8　配置PATH属性

（3）打开命令行窗体，输入"java-version"命令，验证配置是否成功。如果输出所安装JDK的版本信息，则表示配置成功。

> **注意：**
> （1）环境变量已经存在时可以直接编辑，不存在时新建环境变量。
> （2）在 Windows 系统中，使用";"（分号）来分隔路径，切勿使用空格。
> （3）在 CLASSPATH 属性的设定中，除设置系统必需的路径外，还需要使用"."配置当前路径。

任务 4　熟悉 Java 程序的结构和开发

◆　一、Java 程序的结构

搭建好 Java 开发环境后，就可以开发 Java 程序了。在开发 Java 程序之前，我们先要了解 Java 程序的基本结构。Java 程序的基本框架如图1.9所示。

```
public class FirstJavaApp {
    public static void main(String [] args) {
    System.out.println("欢迎学习 Java 编程语言");
    }
    }
```

图 1.9　Java 程序的基本框架

通常,建造房屋要先搭建一个框架,然后才能添砖加瓦。Java 程序也有自己的结构。图 1.9 中是一段简单的 Java 代码,用于输出"欢迎学习 Java 编程语言",程序结构的组成部分如下。

1. 类的结构

```
public class FirstJavaApp { }
```

其中,FirstJavaApp 为类名。类名必须与程序文件的名称完全相同。类名前面的 public 和 class 是两个关键字,它们的先后顺序不能改变,中间要用空格分隔。类名后面要跟一对大括号,所有属于该类的代码都放在大括号内。

2. 程序的主方法

```
public static void main(String[] args) { }
```

在程序结构中,main 方法是程序的主方法。它是 Java 程序的入口,Java 程序从 main 方法开始执行,没有 main 方法,计算机就不知道从哪里开始执行程序。必须按照格式编写 main 方法,程序要执行的代码都放在 main 方法的大括号内。

> **注意:**
> 每一个程序有且只能有一个 main 方法。

3. 方法内的代码

在图 1.9 所示的程序结构中,主方法内有以下代码。

```
System.out.println("欢迎学习 Java 编程语言");
```

这一行代码的作用是向控制台输出括号内的内容。本语句输出"欢迎学习 Java 编程语言",即双引号内的文字。使用代码 System. out. println()可以实现向控制台输出信息,将输出的信息放入英文的双引号内即可。

> **说明:**
> 使用 System. out. println( )语句输出信息后会换行。如果输出信息后不需要换行,可以使用 System. out. print()。
> 如果在输出信息时需要换行,可以在换行处添加"\n"。"\n"为转义字符,程序运行到该字符后不会直接显示该字符,而是将光标移动到下一行的第一格,即换行。另一个比较常用的转义字符为"\t",它的作用是将光标移动到下一个水平制表的位置。

> **注意:**
> 在程序的框架中,类名是自定义的,其他代码在开始编程阶段无须改变,main 方法内的代码由 Java 程序员根据程序需要完成的任务自行编写。

二、Java 程序的开发

Java 程序的开发步骤如下。

1. 编写源程序

Java 语言是一种高级编程语言。在明确了计算机所要做的事情之后,我们需要通过 Java 语言描述对计算机下达的指令,这就是编写程序。可以通过记事本或其他编辑工具来编写 Java 程序。通常，我们把写有 Java 代码指令的文件称为源程序或源代码。Java 源程序文件的扩展名为".java"。打开记事本编写"FirstJavaApp.java"文件并写入代码，保存在"D:/JavaProgram"目录下。"FirstJavaApp.java"文件中的代码如图 1.10 所示。

图 1.10　在记事本中编写源程序

> **注意：**
> 程序文件的名称和类名必须一致。

2. 编译

编译是将 Java 源程序翻译成 Java 虚拟机能够识别的指令。在 Java 开发环境中通过 javac 命令进行 Java 源程序编译。经过编译后，Java 源程序就变成了字节码文件（扩展名为".class"）。打开命令行窗口，使用 javac 命令编译源程序 FirstJavaApp.java 文件，操作过程如图 1.11 所示。

图 1.11　编译 Java 源程序

执行 javac 命令后，在"D:\JavaProgram"目录下生成了一个扩展名为".class"的文件，该文件即为源程序经编译生成的字节码文件，如图1.12所示。

3. 运行

编译后的字节码文件可以直接运行于 Java 平台上。在 Java 开发环境中，通过 java 命令

◀通过命令行运行 Java 程序

来运行编译后的字节码文件。执行 java 命令后,屏幕上输出"欢迎学习 Java 编程语言"。

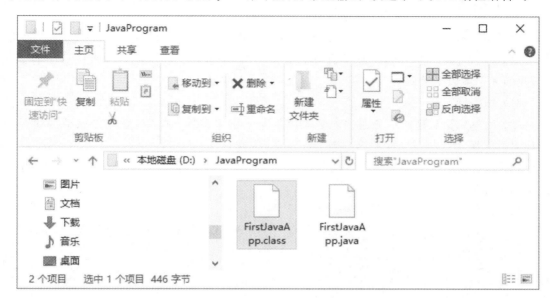

图 1.12　编译后生成的字节码文件

> 注意:
> 使用 java 命令运行字节码文件时,字节码文件不能添加".class"后缀名。

◆ 三、Java 程序中的注释

在编写 Java 程序的过程中,经常需要在代码上添加注释来增加程序的可读性,并便于程序的维护。Java 中常用的注释有单行注释和多行注释两种。

（1）单行注释:以"//"开头,"//"后的文字都被认为是注释。

（2）多行注释:以"/ *"开头,以" * /"结尾,在"/ *"和" * /"之间的内容都被认为是注释。注释中要说明的文字较多,需要占用多行时,可以使用多行注释。

Java 程序中注释的使用见例 1.1。

【例 1.1】

```
public class Welcome {
    /*
    main 方法是程序的入口                多行注释的使用
    每一个类中只能有一个 main 方法
    */
    public static void main(String [] args) {        单行注释的使用
        //输出"欢迎进入 Java 编程世界!"
        System.out.println("欢迎进入 Java 编程世界!");
    }
}
```

在例 1.1 中,注释不会影响程序的运行,只用于对程序代码进行解释说明。

◆　四、Java 编码规范

为了增强程序的可读性，我们不仅要在程序中添加必要的注释，还要注重编码规范，这样可以减少程序的维护开销。遵守编码规范是一名优秀软件工程师的基本条件。在本项目中，我们先了解以下编码规范。

（1）每一行只写一条语句。

（2）用"{ }"括起来的部分通常表示程序的某一层次结构。"{"一般放在该结构的开始行代码的末尾，"}"与该结构的第一个字母对齐，并单独占一行。

（3）低一层的语句应该在高一层的语句下缩进若干个空格后再书写，这样可以使程序的结构更加清晰，增强程序的可读性。

（4）类名中单词的第一个首字母要大写。

> 注意：
> 在开始编写程序时我们经常会犯一些错误，导致程序无法编译通过。编程中常见的错误如下。
> （1）Java 程序区分大小写，如"public"与"Public"是不同的。
> （2）每一条语句都必须以"；"结束，如 System. out. println("你好！")；
> （3）Java 程序中的标点符号均为英文输入状态下的符号，语句以中文分号结束会导致程序出错。

任务5　掌握集成开发环境的使用

在前文中，我们使用记事本编写了 Java 源程序。实际开发项目时，使用记事本编写 Java 源程序很不方便，而且容易出错。我们可以使用专门开发程序的软件，即集成开发环境（IDE）来编写与运行程序。IDE 将程序开发环境与程序调试环境集成在一起，编程界面友好。IDE 通常包括编辑器、编译器和调试器等多种工具，便于编写程序，可提高编程效率。

用于开发 Java 程序的 IDE 工具有很多，本书采用 Eclipse 开发工具。可以在 https：//www. eclipse. org 上免费下载 Eclipse。

◆　一、使用 Eclipse

使用 Eclipse 开发 Java 程序分为以下 4 步。

1. 创建 Java 项目

在 Eclipse 窗口中创建项目时，选择"File"→"New"→"Java Project"选项，弹出"New Java Project"对话框，在"Project name"文本框中输入项目的名称，此处命名为"JavaPrj1"，单击"Finish"按钮，就完成了项目的创建。Java 项目的命名如图 1.13 所示。

2. 创建并编写 Java 源程序

在 Eclipse 窗口中，选中并右键单击之前创建的项目"JavaPrj1"，在弹出的快捷菜单中选择"New"→"Class"选项，弹出"New Java Class"对话框，在"Package"文本框中输入包名，此处使用"com. xxx. chapter1"作为包名，在"Name"文本框中输入类名，此处使用"JavaApp"作为类名，勾选"public static void main(String [] args)"的复选框，单击"Finish"按钮，就完成了 Java 类的创建。创建 Java 类如图 1.14 所示。

图 1.13 Java 项目的命名

图 1.14 创建 Java 类

Java 类创建完成后,Eclipse 会自动生成程序框架并展示在代码编辑区,如图 1.15 所示,我们只需要在此基础上编写其他 Java 代码。

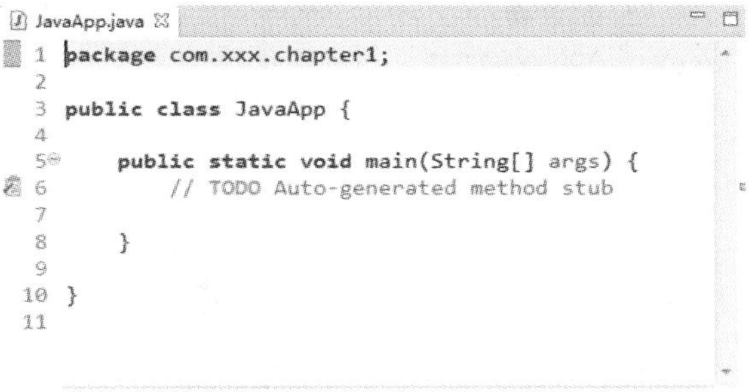

在 JavaApp 类中输入例 1.2 中的内容。

```java
 1 package com.xxx.chapter1;
 2
 3 public class JavaApp {
 4
 5     public static void main(String[] args) {
 6         // TODO Auto-generated method stub
 7
 8     }
 9
10 }
11
```

图 1.15 自动生成的程序框架

【例 1.2】

```java
packagecom.xxx.chapter1;
public class JavaApp {
    public static void main(String[] args) {
        //输出语句
        System.out.println("使用 Eclipse 开发的第一个程序!");
    }
}
```

3. 编译 Java 源程序

这一步不需要手工操作,如果程序没有错误,Eclipse 可以实现自动编译;如果程序有错误,Eclipse 会给出相应的错误提示,待程序修改正确后自动完成编译。

4. 运行 Java 程序

选中 Eclipse 窗口中的 JavaApp. java 类文件,选中"Run"→"Run As"→"Java Application"选项运行该程序,运行结果显示在控制台,如图 1.16 所示。

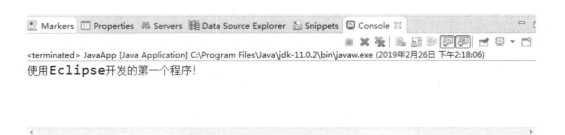

图 1.16　程序运行结果（一）

◆　二、Java 项目的组织结构

在 Eclipse 中，Java 项目的组织结构如下。

1. 包资源管理器

包可以理解为文件夹。在文件系统中，我们会利用文件夹对文件进行分类与管理；在 Java 项目中，使用包来组织与管理 Java 源程序文件。在 Eclipse 窗口左侧，可以看到包资源管理器（Package Explorer）视图，如图 1.17 所示。

2. 导航器

在 Eclipse 窗口中选择"Window"→"ShowView"→"Navigator"选项，可以打开导航器（Navigator）视图，如图 1.18 所示。

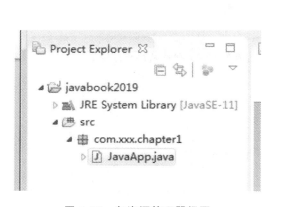

图 1.17　包资源管理器视图

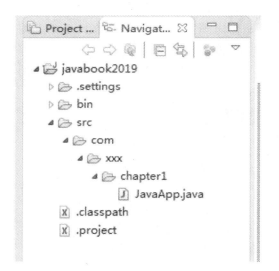

图 1.18　导航器视图

导航器类似于 Windows 中的资源管理器，它展示了 Java 项目中包含的文件及层次关系。在导航器中，bin 目录下是编译后的字节码文件，src 目录下是 Java 源程序文件。这些文件都可以在 Eclipse 的工作空间中找到。

至此，通过学习本项目的内容，我们已经掌握了 Java 程序的基本结构，并能够使用记事本或 Eclipse 开发简单的 Java 程序，这是我们学习并开发 Java 程序的基础。在后续学习中只要多加练习、持之以恒，就一定能成为 Java 编程高手。

 **上机任务1**

阶段 1　使用命令行开发 Java 程序

1. 指导部分

1）实践内容

（1）配置 Java 开发环境。

（2）使用记事本编写 Java 源程序。

（3）使用命令行输出自己的梦想。

2）需求说明

（1）安装 JDK，配置环境变量，测试环境变量是否配置成功。

（2）运行程序，输出"大家好！我的梦想是做一名 Java 高级工程师！"。

3）实现思路

（1）安装 JDK 并配置环境变量。

（2）使用 Java 命令测试环境变量是否配置成功。

（3）打开记事本编写 Java 源程序。

（4）使用 Java 命令编译 Java 源程序。

（5）使用 Java 命令运行编译后的字节码文件。

4）参考代码

```java
public class Introduce {
public static void main(String [] args) {//main 方法是程序的入口
    //输出语句
        System.out.println("大家好！我的梦想是做一名 Java 高级工程师!");
    }
}
```

2. 练习部分

需求说明：使用记事本编写 Java 源程序，输出个人信息，格式如图 1.19 所示。

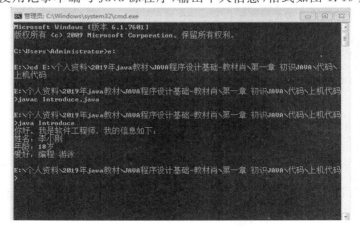

图 1.19　运行效果参考

使用 Eclipse 开发 Java 程序 ▶

> **提示:**
> 使用 System.out.println() 输出信息后会换行,可使用"\t"转义字符控制对齐格式。

阶段 2   使用 Eclipse 输出信息

1. 指导部分

1) 实践内容

(1) 使用 Eclipse 创建 Java 项目。

(2) 输出语句的使用。

(3) 转义字符的使用。

2) 需求说明

(1) 使用 Eclipse 开发与运行 Java 程序。

(2) 在程序中输出多行信息(姓名、年龄、爱好),信息分多行显示,使用"\n"实现换行。程序运行结果如图 1.20 所示。

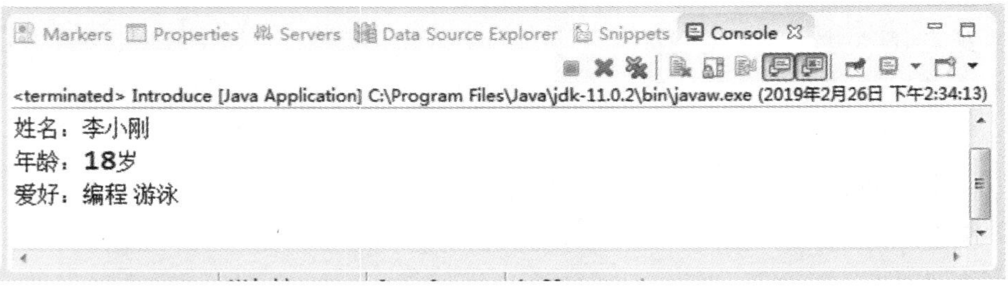

图 1.20   程序运行结果(二)

3) 实现思路

(1) 打开 Eclipse,选择"File"→"New"→"Java Project"选项,新建 Java 项目。

(2) 创建 Class 类文件,编写 Java 源程序。

(3) 运行 Java 程序,查看控制台输出。

4) 参考代码

参考代码如下。

```java
public class Introduce {
    public static void main(String[] args) {
        System.out.print("你好,我是软件工程师,我的信息如下:\n");
        System.out.print("姓名:李小刚 \n");
        System.out.print("年龄:18 岁\n");
        System.out.print("爱好:编程 游泳\n");
    }
}
```

2. 练习部分

需求说明:使用 Eclipse 开发 Java 项目,在 Java 程序中输出菜单信息,系统菜单包括"1.查看商品""2.我的购物车""3.购物结算""4.注销"。程序运行结果如图 1.21 所示。

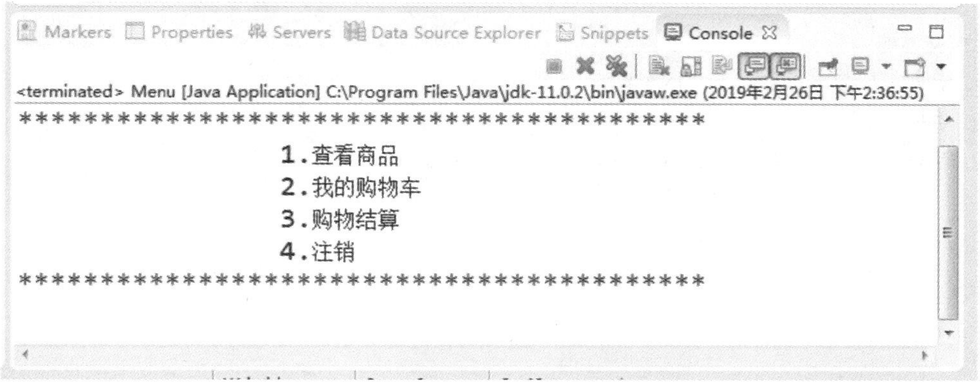

```
Markers  Properties  Servers  Data Source Explorer  Snippets  Console ✕

<terminated> Menu [Java Application] C:\Program Files\Java\jdk-11.0.2\bin\javaw.exe (2019年2月26日 下午2:36:55)
****************************************
              1.查看商品
              2.我的购物车
              3.购物结算
              4.注销
****************************************
```

图 1.21   程序运行结果（三）

项目总结

- 程序是为了让计算机执行某些操作或解决某个问题而编写的一系列有序指令的集合。
- Java 是编程语言和相关平台的总称。
- 常用的 Java 平台有 Java SE 与 Java EE。
- 在 JDK 中编译 Java 源程序使用 javac 命令，运行编译后的字节码文件使用 java 命令。
- 开发一个 Java 应用程序的基本步骤是编写源程序、编译源程序和运行程序。
- 编写 Java 程序要符合 Java 编码规范，为程序编写注释可大大增加程序的可读性。

习题1

一、选择题

1. Java 源程序文件的扩展名为（   ）。

A. .txt   B. .class   C. .java   D. .doc

2. 在控制台运行一个 Java 程序，使用命令正确的是（   ）。

A. java Test.java   B. javac Test.java   C. java Test   D. Javac Test

3. 在 Java 中有效的注释声明是（   ）。

A. //这是注释   B. * 这是注释 */

C. /这是注释   D. /* 这是注释 */

4. 下列关于 main 方法的描述，正确的是（   ）。

A. Java 程序的 main 方法的格式是"public static void main()"

B. main 方法是程序的入口，可以有多个

C. main 方法必须写在类里面

D. 程序主方法 main 的方法名必须小写

二、简答题

1.常用的 Java 平台有哪些？在这些 Java 平台上有哪些应用？请举例说明。

2.写出 Java 程序的结构包含的程序入口方法。

3.编译 Java 源程序和运行 Java 程序分别使用什么命令？

项目 2

变量及数据类型

项目简介

通过对上一项目的学习,我们了解了程序的基本概念,使用 Java 语言开发了一个 Java 程序,并初步掌握了 Eclipse 开发工具的使用,对开发一个简单的 Java 程序有了大概的认识。编写计算机程序时,我们需要对很多数据进行处理,在该过程中会产生很多临时数据,这些临时数据在程序中可以通过变量进行存储,以便我们在程序中使用。本项目主要介绍了 Java 语言中的变量以及常见的数据类型。通过对变量的学习,我们需要掌握变量的概念以及如何通过变量存储数据。在数据类型方面,本项目会讲解 Java 中常见的基本数据类型,通过数据类型来修饰不同的变量,从而实现存储不同的数据。本项目还介绍了如何使用 Eclipse 进行程序调试。在 Eclipse 中进行程序调试时,可以查看变量中存储的数据,方便我们快速、准确地定位程序中的错误。

学习目标

(1) 了解变量的概念。

(2) 熟悉常用的数据类型。

(3) 掌握变量的使用。

(4) 能够使用 Eclipse 调试程序。

上机任务

(1) 变量的声明与输出。

(2) 数据的输入与格式化输出。

课前预习思考2

1. 变量的基本概念是 _____。
2. 声明变量的语法是 _____。
3. 在 Java 中，基本数据类型有 _____、_____、_____、_____、_____
_____、_____、_____。
4. 变量的使用步骤是 _____、_____、_____。

任务 1　了解变量的概念

在通过计算机程序解决问题时，经常需要处理各种数据。在处理数据的过程中，又会产生新的数据，这就需要我们对这些数据进行存储，以便在程序执行过程中反复使用。例如，在购物结算系统中录入的商品信息数据（商品名称、商品价格和商品描述等），在购物结算时程序计算出的购买商品的总金额等，在程序中，这些数据需要先存储再使用，那么如何在程序中存储这些数据呢？这就需要在程序中提供存储数据的容器，此容器被称为变量。

变量是程序中存储数据的基本单元。在这个存储空间中，存储的数据值可以改变。变量类似于宾馆的房间，只是房间供客人住宿，而变量用于存储程序中的数据，变量和宾馆中的房间之间的对应关系如表 2.1 所示。

表 2.1　变量和宾馆中的房间之间的对应关系

宾馆中的房间	变　量
房间号	变量名
房间类型	变量类型
客人	变量的值

在使用变量时，我们需要为变量取个名称即变量名，通过变量名来指代变量，这样我们就能使用变量名来访问变量中的数据。对于不同类型的数据，我们会使用相应类型的变量来存储它。因此，我们可以将变量理解成一个有名字的存储空间。

任务 2　熟悉常用的数据类型

用变量存储数据时，首先要指定变量的类型，因为不同类型的数据所占用的空间大小不一样，表现形式也不一样，需要我们使用相应的变量来存储。下面我们具体讲解 Java 中常见的数据类型。

◆　一、基本数据类型

数据是信息的一种表现形式，在程序中数值和非数值都可以作为数据。例如，年龄“20”是数值类型数据，姓名“张浩”是字符串类型数据。数据在生活中无处不在，我们会见到各种各样的数据。为了方便在 Java 语言中存储数据,Java 定义了一套完整的数据类型,用以存储不同类型的数据。

在 Java 中,共有 8 种基本数据类型,各种数据类型的含义如表 2.2 所示。

表 2.2　Java 中的基本数据类型

类　　型	含　　义	取 值 范 围
byte	占 1 个字节的整数	$-128 \sim 127$
int	整数	$-2^{31} \sim 2^{31}-1$
short	短整数	$-32\ 768 \sim 32\ 767$
long	长整数	$-2^{63} \sim 2^{63}-1$
float	单精度浮点数	$-3.4 \times 10^{-38} \sim 3.4 \times 10^{38}$
double	双精度浮点数	$-1.7 \times 10^{-308} \sim 1.7 \times 10^{308}$
char	字符	$0 \sim 65\ 536$
boolean	表示布尔值	true 或 false

表 2.2 中的类型可以分为以下四大类。

1. 整数类型

byte、int、short、long 均为整数类型。整数用于表示没有小数部分的数值,允许是负数。byte、int、short、long 之间的区别在于取值范围不同,长整型数值有一个后缀 L(如 3000000000L)。从 Java 7 开始,可以在数字之间添加下划线,如 1_000_000 表示 100 万,下划线仅起到便于阅读数据的作用。整数类型中最常用的是 int 类型。

2. 浮点类型

浮点类型表示有小数部分的数值。double 类型表示的数值精度是 float 类型的两倍,称为双精度浮点型。在很多情况下,float 类型的精度很难满足需求,大多数应用程序中均采用 double 类型。float 类型的数值有一个后缀 F(如 3.14F),没有 F 的浮点数值(如 3.14)默认为 double 类型。

3. 字符类型

char 类型用于表示单个字符,通常用于表示字符常量,如'A'、'爱'。使用 char 表示的字符值都必须包含于英文单引号中。

4. 布尔类型

布尔(boolean)类型的变量有两个取值,即 true 和 false,用于判定逻辑条件的真或假。

◆　**二、字符串类型**

除了以上 8 种基本数据类型外,生活中还有一种运用广泛的数据,如人的姓名和地址等,它通常由多个字符组成。Java 将由多个字符组成的字符序列称为字符串,如"我爱你们"、"I love you"。

字符串类型也称为 String 类型,它所表示的若干个字符序列必须包含于英文双引号内。

任务3 掌握变量的使用

在 Java 中,变量的使用分为以下三个步骤。

(1) 声明变量:根据所存储的数据类型为变量申请存储空间。

(2) 为变量赋值:将数据存储至变量中。

(3) 使用变量:使用变量中的值。

在变量中存储李小刚的年龄并输出变量中的年龄见例 2.1。

【例 2.1】

```java
package com.xxx.chapter2;
public class VarExample {
        public static void main(String[] args) {
                int age;        //声明存储李小刚年龄的变量
                age=18;         //给变量赋值
                System.out.println(age);   //输出变量的值
        }
}
```

◆ 一、声明变量

声明变量是指根据存储数据的类型在内存中申请一块存储空间,并为该存储空间命名。声明变量的语法如下。

数据类型 变量名;

其中,数据类型可以是 Java 定义的任意一种数据类型。

例如,声明变量,用以存储 Java 课程考试成绩最高分的学生的姓名"艾边程"、性别"男"、考试成绩"98 分"。声明变量的代码如下。

```java
String name; //声明变量存储学生的姓名
int score;        //声明变量存储学生 Java 课程的成绩
char sex;        //声明变量存储学生的性别
```

> 提示:
同时声明相同数据类型的多个变量时,需要使用英文逗号对这些变量进行分隔,代码如下。

```java
int score1, score2, score3;
```

在声明变量时,需要为变量命名。变量名在 Java 中属于标识符,必须满足标识符的命名规则。标识符的命名规则如下。

(1) 标识符必须以字母、下划线"_"或符号"$"开头。

(2) 标识符可以包括数字,但不能以数字开头。

(3) 除了下划线"_"和符号"$"外,标识符不能包括其他任何特殊字符。

（4）标识符不能使用 Java 语言中的关键字，如 int、class、public、static 等。

 注意：

（1）Java 中的变量名区分大小写，即 price 和 Price 是两个不同的变量。

（2）Java 关键字是 Java 中定义的、有特别意义的标识符，如 public、int、boolean、void、char、package、double、static 等。随着学习的深入，我们会接触越来越多的 Java 关键字。Java 关键字不能用作变量名、类名、包名等。

（3）变量名在同一程序块中不能重复。

变量的命名规范如下：变量名在不违反标识符命名规则的前提下，还要简短且能清楚地表明变量的作用；变量名可以为一个单词，或由多个单词组合而成，而且通常第一个单词的首字母小写，其后单词的首字母大写。

例如：

```
String studentName;
int studentAge;
```

 提问：

在_myCar、$ myAge 、score1、age%、a+b、my name、8money 中，哪些是合法的变量名？

二、为变量赋值

为变量赋值是指将数据存储至对应的变量空间中，即将数据存储到变量中去。为变量赋值一般有两种方式，即在程序中直接给定数据和通过键盘输入数据。

1. 在程序中直接给定数据

在程序中直接给定数据的语法如下。

```
变量名=值；
```

例如：

```
score=98;           //存储 98
name="艾边程";       //存储"艾边程"
sex='男';           //存储'男'
```

将声明变量和为变量赋值这两个步骤合并，即在声明变量的同时为该变量赋值，语法如下。

```
数据类型 变量名= 数据；
```

例如：

```
String name="艾边程";
int score=98;
char sex='男';
```

2. 通过键盘输入数据

变量中存储的数据除了可以通过程序直接给定外，还可以在控制台中使用键盘输入，程序会读取键盘输入的数据并将其存入变量中，这种交互可以通过以下步骤实现。

（1）导入 Scanner 对象，即在包声明语句下添加以下代码。

```
import java.util.Scanner;
```

或

```
import java.util.*;
```

（2）接收用户输入的值，使用以下代码实现。

```
Scanner input=new Scanner(System.in);
int score=input.nextInt();//读取输入的整数
String name=input.next();//读取输入的字符串
char sex=input.next().charAt(0);//读取输入的字符
```

为了在输入变量值前给出友好的提示，我们需要在输入变量值前输出一段说明文字，用以提示用户即将输入数据，见例 2.2。

【例 2.2】

```
package com.xxx.chapter2;
import java.util.Scanner;
public class VarInput {
        public static void main(String[] args) {
                Scanner input=new Scanner(System.in);
                //输入学生的信息
                System.out.println("请输入学生的成绩:");
                int score=input.nextInt();
                System.out.println("请输入学生的姓名:");
                String name=input.next();
                System.out.println("请输入学生的性别:");
                char sex=input.next().charAt(0);
                //输出学生的信息
                System.out.println("学生信息如下:");
                System.out.println("-------------------------");
                System.out.println("姓名:"+name);
                System.out.println("性别:"+sex);
                System.out.println("成绩:"+score);
        }
}
```

程序运行结果如图 2.1 所示。

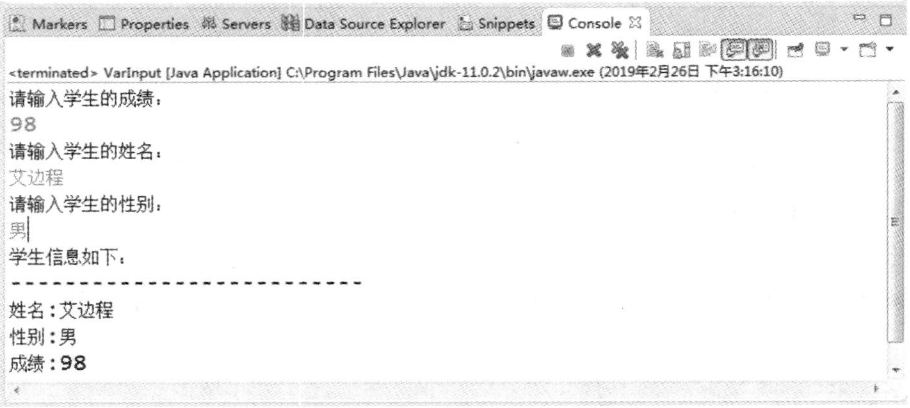

图 2.1　程序运行结果（四）

◆ 三、使用变量

使用变量实际上是使用变量中的值。例如，在例 2.2 中可以看到，输出变量即输出变量的值。

例如：

```
System.out.println(score); //输出变量 score 存储的值
System.out.println(name);//输出变量 name 存储的值
System.out.println(sex); //输出变量 sex 存储的值
```

可见，使用变量名就是使用变量对应空间中存储的数据。

在输出变量值时可以使用以下几种方式。

（1）使用 print 或 println 方法直接输出变量的值。代码如下。

```
System.out.println(score);
```

可以在变量前附加文字说明，然后使用连接字符串符号"＋"将文字说明字符串和变量的值连接起来。代码如下。

```
System.out.println("学生的成绩是:"+score);
```

（2）使用 printf 方法，格式化输出。

使用 print 或 println 输出数据时无法控制输出数据的精度，在 Java 中可以通过 printf 方法控制数据输出的精度。例如：

```
double pi=3.1415926;
System.out.printf("%8.2f",pi);
```

输出为 　3.14。

以上代码表示变量 pi 可以输出 8 个字符的宽度和小数点后两位的精度，即打印出 4 个空格和 4 个字符。

在 printf 中，前面的字符串内可以包含多个格式控制符，后面是格式控制符对应的变量，语法如下。

```
System.out.printf("格式控制符 1 格式控制符 2…",变量 1,变量 2…);
```

其中，格式控制符格式通常为"％宽度.精度转换符"，这里的宽度是指数据占用的显示宽度，精度是指小数点后面保留的位数，转换符是指格式化数据的类型（f 表示浮点数，s 表示字符串、d 表示十进制整数）。

使用 printf 时，格式控制符的个数与顺序要与后面变量的个数与顺序相一致。printf 中前面字符串中的非格式控制符将原样输出。格式化输出见例 2.3。

【例 2.3】

```
package com.xxx.chapter2;
public class FormatOutput {
    public static void main(String[] args) {
        String name="李小刚";
        double money=280_666_888;
```

```
        System.out.printf("%s在2025年拥有财富%12.2f元",name,money);
    }
}
```

例 2.3 程序运行结果如图 2.2 所示。

图 2.2　程序运行结果（五）

> 注意：
> 变量在声明和赋值后才能使用。

任务 4　掌握使用 Eclipse 调试程序

◆　一、程序调试概述

"调试"这个词在生活中经常听到,如调试电器、调试仪表。生活中的调试是在初装电器、仪表出现问题时,适当调整电器、仪表的一些设置,以使电器、仪表达到正常运行的状态。在程序设计领域,调试的概念与上述类似。为了找出程序中的问题所在,我们希望程序在需要的地方暂停,以便查看程序运行到此处的变量值。我们还希望逐步运行程序、跟踪程序的运行流程,以便查看哪条语句被运行到了、哪条语句没有被运行到。

程序调试就是排查程序问题的方法的总称,如暂停程序、观察变量中的值和逐条语句运行程序等。程序调试的主要方法有设置断点、单步执行、观察变量中的值。

在调试程序时,观察程序在运行时变量中的值很重要。下面我们就通过 Eclipse 讲解如何通过程序调试观察变量中的值。

◆　二、Eclipse 的使用

使用 Eclipse 调试程序并解决程序问题的常规思路和步骤如下。

第一,分析可能出错的位置,设置断点。

断点是指程序运行到此处就暂停运行的某行语句。

想知道程序运行到某处时变量中的值,可在该行设置一个断点,程序运行到此就会暂停。此时不仅可以在 Eclipse 的变量视图中看到变量中的值,还可以使用单步运行的功能逐步运行程序。

设置断点的方法很简单,在想设置断点的代码行左侧边栏处双击,双击后出现一个圆形的断点标记,如图 2.3 所示,断点就设置成功了。

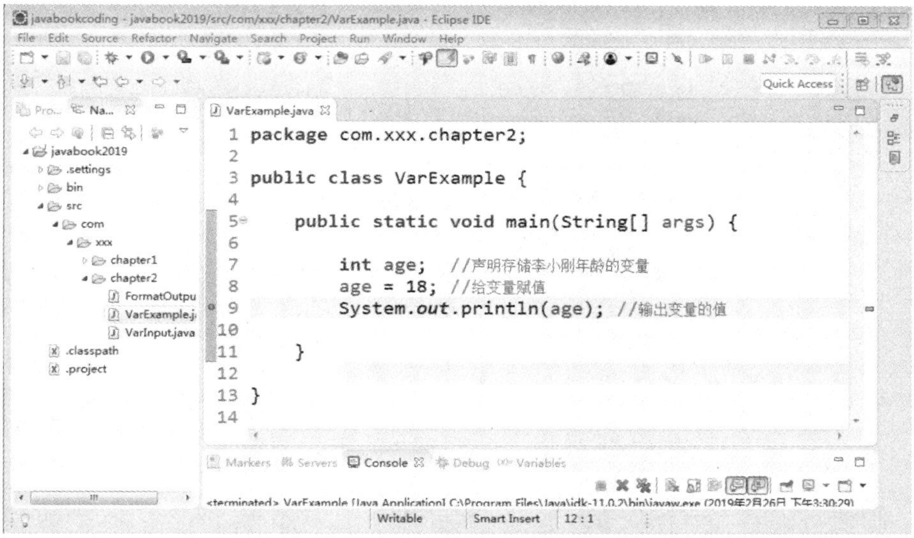

图 2.3　设置断点

再次双击,即可取消断点。

第二,启动调试,单步执行。

成功设置断点后,打开调试视图("Window"→"Show View"→"debug"),单击 ![按钮] 按钮,即可启动调试。调试视图如图 2.4 所示。

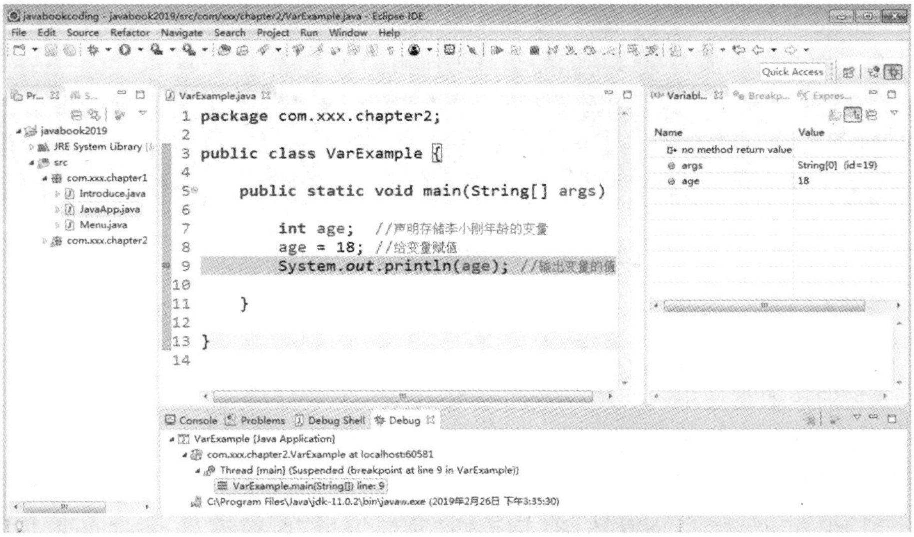

图 2.4　调试视图

启动调试后,程序会自动在设置断点的地方停下来,此时我们可以在调试视图中按"F6"键单步执行程序。

第三,观察变量中的值。

在单步执行程序的过程中,可以在变量视图中观察变量中的值。变量视图如图 2.5 所示。

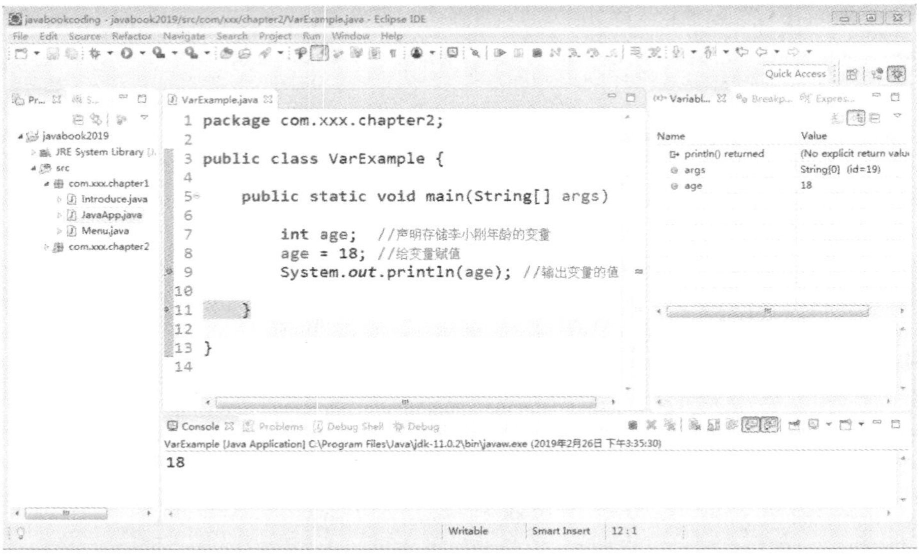

图 2.5　变量视图

通过观察变量中的值和之前预测的值是否一致，可以找出程序中的错误。程序错误排除后，可以按"Ctrl＋F2"组合键，或者单击工具栏 中的红色按钮停止调试。停止调试后，通过"Window"→"Open Perspective"→"Java"菜单执行，还原到 Java 编辑视图。

程序调试是编写程序时用到的一个非常重要的功能。本项目只是初步介绍了该功能，在后期的学习中会逐步深入对该功能的学习与使用。

上机任务2

阶段 1　变量的声明与输出

1. 指导部分

1）实践内容

（1）变量的声明与使用。

（2）数据的输入与输出。

2）需求说明

（1）声明变量，存储商品信息（商品名称、商品价格、商品数量）。商品信息如表2.3所示。

表 2.3　商品信息表

商 品 名 称	商品价格/元	商品数量/部
iPhone 8	6 400	10
小米 5	1 900	8
三星 S6	5 000	6

◀Java 程序调试

（2）输出商品信息。

3）实现思路

（1）声明变量，用以存储商品信息。

（2）为变量赋值。

（3）输出变量中的值。

（4）运行程序。

4）参考代码

```java
package com.xxx.chapter2;

    public class GoodsInput{
        public static void main(String[] args){
                //录入苹果手机信息
                String productName1="iPhone8";
                double productPrice1=6400.0;
                int productNum1=10;
                //录入小米手机信息
                String productName2="红米 3";
                double productPrice2=1900.0;
                int productNum2=8;
                //录入三星 GALAXY S6 手机信息
                String productName3="三星 S6";
                double productPrice3=5000.0;
                int productNum3=6;
                //输出商品信息
                System.out.println("商品名称\t 商品价格\t 商品数量");
                System.out.println(productName1+"\t"+productPrice1+"\t"+productNum1);
                System.out.println(productName2+"\t"+productPrice2+"\t"+productNum2);
                System.out.println(productName3+"\t"+productPrice3+"\t"+productNum3);
        }
    }
```

运行结果如图 2.6 所示。

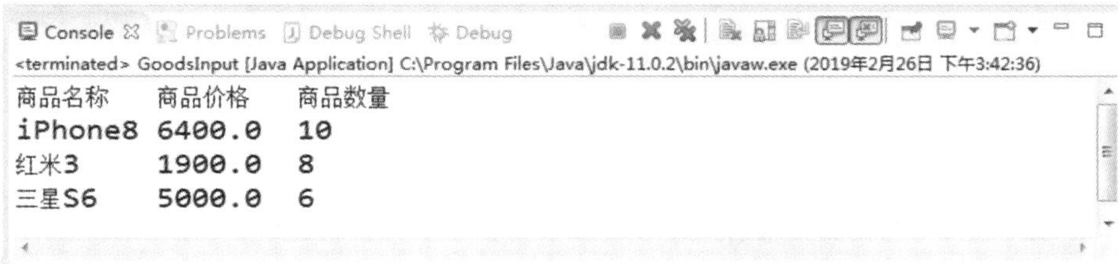

图 2.6　程序运行结果（六）

2. 练习部分

需求说明：定义两个变量，分别用于存储学生的语文成绩和数学成绩，通过程序将这两个变量中的值进行交换，输出交换前变量中的值和交换后变量中的值。程序运行结果如

图 2.7所示。

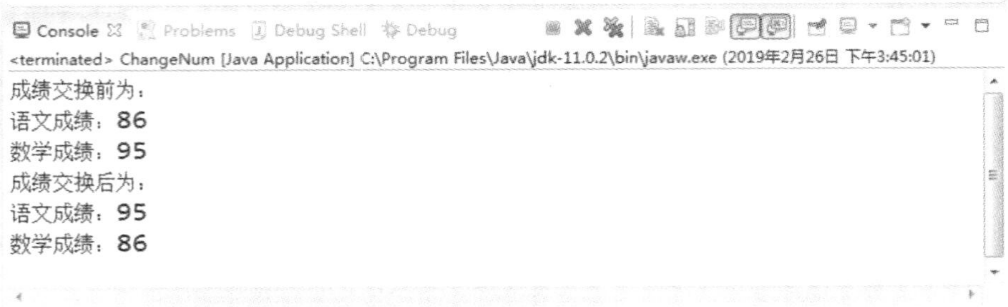

```
Console ⊠   Problems   Debug Shell   Debug          ■ ✗ ✗ | □ □ □ | □ □ □ ▼ □ ▼ □
<terminated> ChangeNum [Java Application] C:\Program Files\Java\jdk-11.0.2\bin\javaw.exe (2019年2月26日 下午3:45:01)
成绩交换前为:
语文成绩: 86
数学成绩: 95
成绩交换后为:
语文成绩: 95
数学成绩: 86
```

图 2.7　程序运行结果(七)

> **提示:**
> 交换两个变量值时,需要借助第三个变量即中间变量。

阶段 2　数据的输入与格式化输出

1. 指导部分

1) 实践内容

(1) 控制台的输入。

(2) 格式化输出。

2) 需求说明

声明变量,用以存储个人信息(姓名、年龄、性别、地址)。通过键盘输入个人信息并将个人信息存储在相应的变量中,最后将个人信息输出。

3) 实现思路

(1) 声明存储姓名、年龄、性别、地址的变量。

(2) 定义 Scanner 对象,输入相应的值并赋给变量。

(3) 输出变量中的值。

4) 参考代码

参考代码如下。

```java
package com.xxx.chapter2;
import java.util.Scanner;
public class InputInfo {
    public static void main(String[] args) {
        String name;       //姓名
        char sex;          //性别
        int age;           //年龄
        String address;    //地址
        //创建 Scanner 对象
        Scanner input=new Scanner(System.in);
        //输入信息
        System.out.println("请输入姓名:");
        name=input.next();
        System.out.println("请输入性别:");
```

```
                sex=input.next().charAt(0);
                System.out.println("请输入年龄:");
                age=input.nextInt();
                System.out.println("请输入地址:");
                address=input.next();
                //输出信息
                System.out.println("您的个人信息为:");
                System.out.println("姓名:"+name);
                System.out.println("性别:"+sex);
                System.out.println("年龄:"+age);
                System.out.println("地址:"+address);
            }
        }
```

2. 练习部分

需求说明:对本项目上机任务阶段 1 的指导部分进行重构,使用键盘输入商品信息,然后将商品信息保存到变量中,最后通过 printf 格式化输出。

> 提示:
>
> 使用"Scanner input＝new Scanner(System. in);"创建输入对象,然后通过"input. next()"接收字符串数据,通过"input. nextDouble()"接收浮点数,通过"input. nextInt()"接收整数。使用"Scanner"对象前必须先导入该类。

 项目总结

- 变量是数据存储空间的表示,是存储数据的基本单元。
- Java 中的基本数据类型有 8 种,分别是 byte、int、short、long、float、double、char、boolean。
- Java 中使用 String 类型表示字符串,字符串由英文双引号括起来的若干字符组成。
- 变量的使用分为三个步骤:声明变量、为变量赋值、使用变量。
- 程序调试是排查程序问题的方法的总称。程序调试的主要方法有设置断点、单步执行、观察变量中的值。

 习题2

一、选择题

1. 下列不是 Java 基本数据类型的是( )。

A. int   B. double   C. char   D. String

2. 声明 String 类型变量并赋值的正确语句是( )。

A. String name＝张三

B. String nam＝'张三'

C. String nam＝"张"

D. String name＝'张'

3.当前声明了年龄是 20 的整数变量 age,正确的输出并换行语句是(　　　)。

A. System. out. println(年龄是＋age);

B. System. out. println("年龄是＋age");

C. System. out. print("年龄是"＋age);

D. System. out. println("年龄是"＋age);

4.接收从键盘输入的整数,正确的语句是(　　　)。

A. int num＝input. next();

B. int num＝input. nextInt();

C. int num＝input. nextInteger();

D. int num＝input. nextDouble();

二、简答题

1.Java 中的基本数据类型有哪些?

2.在程序运行中,如果出现了错误,可以使用什么方法找错误? 步骤是什么?

3.Java 中变量名的声明有哪些规则?

项目 3

数据运算

项目简介

通过对前面项目的学习，我们已经能够利用所学的编程知识在程序中完成数据的存储及控制台的输入和输出等操作，但是程序解决问题的流程是输入数据、处理数据、输出结果。处理数据通常需要对数据进行运算，此时需要使用运算符。通过将各种运算符和需要处理的数据组合成各种表达式，可完成复杂的数据处理。

本项目我们将学习 Java 中的运算符。Java 中的运算符主要包括赋值运算符、关系运算符、算术运算符和逻辑运算符。通过对本项目的学习，学生应掌握这些运算符的使用，能通过使用运算符和操作数组成合法的表达式来解决遇到的问题。在讲解运算符时，我们还讲解了各种运算符的优先级问题以及 Java 程序中数据处理时的类型转换问题。

学习目标

（1）了解运算符的概念。

（2）掌握表达式的使用。

（3）掌握数据类型的转换。

上机任务

（1）算术运算。

（2）分解数字。

1. Java 中的运算符按功能可以分为 _____、_____、_____ 和 _____。

2. 关系运算符计算的结果为 _____ 类型。

3. double 类型与 float 类型进行乘法运算的结果为 _____ 类型。

4. 赋值运算符的结合性是 _____。

5. 强制类型转换的语法为 _____。

任务 1   了解运算符的概念

计算机程序在处理数据时会进行大量的计算,在计算时需要用到很多运算符。顾名思义,运算符就是用于计算的符号。在 Java 中,运算符按功能分为赋值运算符、算术运算符、关系运算符和逻辑运算符等,按操作数的个数分为单目运算符、双目运算符和三目运算符。

◆ 一、赋值运算符

在前文的学习中,我们使用了"＝"运算符,它的作用是将右边的值赋给左边的变量,例如:

```
int age=20; //将 20 赋给变量 age
```

上述代码使用"＝"运算符将数值 20 放入变量 age 的存储空间中。"＝"称为赋值运算符。

赋值运算符具有从右到左的结合性,例如:

```
int a,b,c;//同时声明三个变量
a=b=c=1;//从右到左赋值
```

上述代码同时声明三个整型变量 a、b、c 后,对它们进行了赋值,赋值顺序为先将 1 赋值给变量 c,然后将变量 c 的值赋给变量 b,最后将变量 b 的值赋给变量 a。运行后,变量 a、b、c 的值均为 1。

◆ 二、算术运算符

在学习数学时,我们接触了算术运算符。算术运算问题在生活中较为常见,最简单的算术运算有加、减、乘、除。Java 中提供了算术运算符,用以实现数学上的算术运算功能。Java 中常用的算术运算符如表 3.1 所示。

表 3.1　Java 中常用的算术运算符

算术运算符	说　　明	举　　例
＋	加法运算符,求操作数的和	5＋3 等于 8
－	减法运算符,求操作数的差	5－3 等于 2

续表

算术运算符	说　明	举　例
*	乘法运算符,求操作数的乘积	5 * 3 等于 15
/	除法运算符,求操作数的商	5/3 等于 1
%	取余(模)运算符,求操作数相除的余数	5%3 等于 2

算术运算符的案例见例 3.1。

【例 3.1】

```java
package com.xxx.chapter3;
public class MathOperator {
    public static void main(String[] args) {
        int num1=4;
        int num2=3;
        int result;
        //加法运算
        result=num1+num2;
        System.out.printf("%d+%d的结果是%d\n",num1,num2,result);
        //减法运算
        result=num1-num2;
        System.out.printf("%d-%d的结果是%d\n",num1,num2,result);
        //乘法运算
        result=num1*num2;
        System.out.printf("%d*%d的结果是%d\n",num1,num2,result);
        //除法运算
        result=num1/num2;
        System.out.printf("%d/%d的结果是%d\n",num1,num2,result);
        //求余运算
        result=num1%num2;
        System.out.printf("%d%%%d的结果是%d\n",num1,num2,result);
    }
}
```

例 3.1 的运行结果如图 3.1 所示。

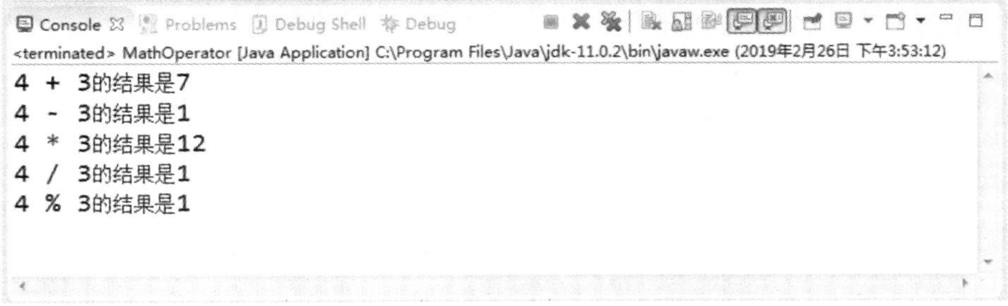

图 3.1　算术运算程序运行结果

> 注意:

　如果参与运算的数值均为整数,则结果也为整数。例如,使用"/"运算符进行"5/2"的操作,结果为2,而非2.5。

在算术运算符中,除上述运算符外,还存在两个较为独特的单目运算符,分别是自增运算符"++"和自减运算符"--",它们的作用分别是使变量值自增 1 和使变量值自减 1。

> 提示:

　单目运算符是指操作数只有一个的运算符。以此类推,双目运算符是指操作数有两个的运算符,三目运算符是指操作数有三个的运算符。

如果将自增运算符或自减运算符放在变量之前,则会先执行自增操作或自减操作,再使用变量中的值,例如:

```
int a=5;
int b=++a; //等效于 a=a+1;int b=a;
```

执行完毕后,变量 a 和 b 的值均为 6。

如果将自增运算符或自减运算符放在变量之后,则会先使用变量中的值,然后执行自增操作或自减操作,例如:

```
int a=5;
int b=a++; //等效于 int b=a;a =a+1;
```

执行完毕后,变量 b 的值为 5,变量 a 的值为 6。

> 注意:

　(1) 自增运算和自减运算只能作用于变量,如 4++、5--均不正确。

　(2) 当单独将自增和自减作为一条语句时,前缀运算和后缀运算的效果相同,如

　　　　"--x;"等效于"x--;"

　　　　"++x";等效于"x++;"

◆　三、关系运算符

在程序中,我们通常使用 boolean 类型来表示真和假,但是程序如何知道真假呢? 程序可以通过比较大小、长短、多少等比较运算得知真假。Java 提供了关系运算符,用以进行比较运算。Java 中的关系运算符如表 3.2 所示。

表 3.2　Java 中的关系运算符

关系运算符	说　　明	举　　例
>	大于	88>100,结果为 false
<	小于	88<100,结果为 true
>=	大于或等于	50>=60,结果为 false
<=	小于或等于	50<=60,结果为 true
==	等于	月球的大小==地球的大小,结果为 false
!=	不等于	月球的大小!=地球的大小,结果为 true

关系运算符的使用见例 3.2。

【例 3.2】

```
package com.xxx.chapter3;
public class RelationOperator {
    public static void main(String[] args) {
        int num1=90;
        int num2=100;
        boolean result;
        result=num1>num2;
        System.out.printf("%d>%d的结果为:%b\n",num1,num2,result);
        result=num1>=num2;
        System.out.printf("%d>=%d的结果为:%b\n",num1,num2,result);
        result=num1<num2;
        System.out.printf("%d<%d的结果为:%b\n",num1,num2,result);
        result=num1==num2;
        System.out.printf("%d==%d的结果为:%b\n",num1,num2,result);
        result=num1!=num2;
        System.out.printf("%d!=%d的结果为:%b\n",num1,num2,result);
    }
}
```

例 3.2 的运行结果如图 3.2 所示。

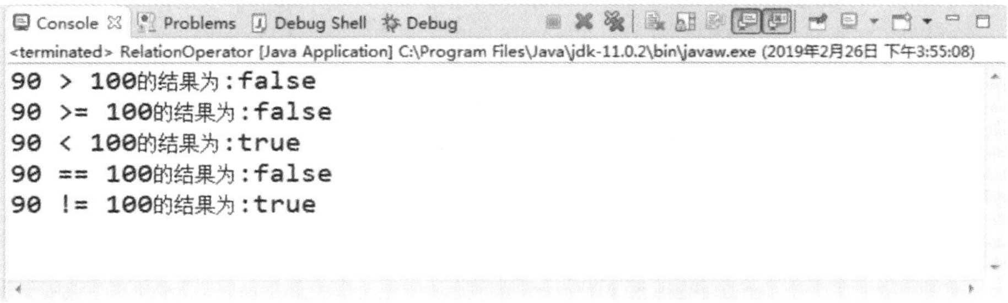

```
Console ✕ 🛈 Problems ▤ Debug Shell ✦ Debug          🔳 ✖ ✖ | 🔂 🔝 🔳 📭 📭 🖉 🗆 ▾ 🗂 ▾ ⁀ 🗆
<terminated> RelationOperator [Java Application] C:\Program Files\Java\jdk-11.0.2\bin\javaw.exe (2019年2月26日 下午3:55:08)
90 >  100的结果为:false
90 >= 100的结果为:false
90 <  100的结果为:true
90 == 100的结果为:false
90 != 100的结果为:true
```

图 3.2　关系运算程序运行结果

> 注意:
> 　　运算符"=="与运算符"="的区别:"=="是关系运算符,用于比较运算符两边的操作数是否相等,比较结果为 boolean 类型;"="是赋值运算符,表示将右边的值赋给左边的变量。

◆　四、逻辑运算符

关系运算符可以用于判断真假,但在程序中经常需要结合多个比较结果综合判断真假。例如,获得软件工程师证书的条件是:理论笔试成绩大于或等于 60 分,且机试成绩大于或等于 60 分。为了完成复杂的连接多个条件的逻辑判断,Java 提供了一组逻辑运算符,如表 3.3 所示。

表 3.3　Java 中的逻辑运算符

逻辑运算符	说　　明	举　　例
&&	与运算,表示连接的条件要同时成立	true&&false,结果为 false; true&&true,结果为 true; false&&false,结果为 false; false&&true,结果为 false
||	或运算,表示连接的条件有一个成立即可	true||false,结果为 true; true||true,结果为 true; false||false,结果为 false; false||true,结果为 true
!	非运算,取反	!true 取反后结果为 false,!false 取反后结果为 true

分析:获取软件工程师证书的条件为笔试成绩>=60 且机试成绩>=60,使用逻辑运算符的伪代码表示,为"(笔试成绩>=60)&&(机试成绩>=60)"。

【例 3.3】

```
package com.xxx.chapter3;
public class LogicOperator {
    public static void main(String[] args) {
        int writtenScore=82; //笔试成绩
        int practiceScore=76; //机试成绩
        //判定笔试成绩与机试成绩是否都合格
        boolean result= (writtenScore>=60)&&(practiceScore>=60);
        System.out.println("能够获得软件工程师证书的判定结果为:"+result);
    }
}
```

例 3.3 的运行结果如图 3.3 所示。

图 3.3　逻辑运算程序运行结果

◆　五、条件表达式

条件表达式属于三目运算符,语法如下。

布尔表达式?表达式 1:表达式 2

条件运算表达式的结果由布尔表达式决定:如果布尔表达式的值为 true,则返回表达式 1 的值,否则返回表达式 2 的值。例如:

```
int score=75;
String result= score>=60?"及格":"不及格";
```

因为 score 的值是 75，大于 60，所有 result 的结果为"及格"。

在使用条件表达式时要注意以下几点。

（1）条件表达式的优先级低于关系运算符和算术运算符，高于赋值运算符。

（2）Java 中条件表达式中表达式值的类型必须为布尔类型，即只能是 true 或 false。

（3）条件表达式的结合性是右结合性。

任务 2　掌握表达式的使用

◆　一、表达式概述

表达式是运算符与操作数的组合。其中操作数可以是常量、变量或其他表达式，如"4 * 5+b""43＞23""(a+3)＞(9/3)"等。

运算符和操作数进行合理组合，可以组成非常复杂的表达式。表达式在计算时有一些规则。在混合运算中，我们将优先计算的表达式放在括号"()"中。

◆　二、运算符的优先级和结合性

在编程过程中，经常会出现多种运算符在表达式中混合使用的情况，表达式的运算顺序需要考虑运算符的优先级和结合性。Java 中运算符的优先级是指同一表达式中多个运算符被执行的次序。在表达式求值时，先按照运算符的优先级由高到低的次序执行，如算术运算符按"先乘除后加减"的次序。

运算符的结合性是指同一表达式中，在具有相同优先级的运算符没有括号的情况下，运算符和操作数的结合方式。运算符的结合性通常有从左到右结合和从右到左结合两种。例如，4+2+5 等同于(4+2)+5，即"+"是从左到右结合；a=b=5 等同于 a=(b=5)，即"="是从右到左结合。

Java 中运算符的优先级和结合性如表 3.4 所示。

表 3.4　Java 中运算符的优先级和结合性

优　先　级	运　算　符	结　合　性
1	!、++、−−	从右到左
2	*、/、%	从左到右
3	+、−	从左到右
4	＞、＜、＞=、＜=	从左到右
5	==、!=	从左到右
6	&&	从左到右
7	||	从左到右
8	=、+=、−=、*=、/=、%=	从右到左

Java 中有些表达式可以通过复合赋值运算符进行简化，例如：

```
num=num+5;//等同于 num+=5;
```

复合赋值运算符由赋值运算符和算术运算符组合形成,用于对变量自身执行算术运算。Java 中的复合赋值运算符如表 3.5 所示。

表 3.5　Java 中的复合赋值运算符

复合赋值运算符	说　明	举　例
＋＝	加法运算	"int a＝8;a＋＝2;"等同于"a＝a＋2; a＝10;"
—＝	减法运算	"int a＝8;a—＝2;"等同于"a＝a—2; a＝6;"
＊＝	乘法运算	"int a＝8;a＊＝2;"等同于"a＝a＊2; a＝16;"
/＝	除法运算	"int a＝8;a/＝2;"等同于"a＝a/2; a＝4;"
％＝	模运算	int a＝8;a％＝2;等同于"a＝a％2;a＝0;"

> **提示:**
> (1)当需要对变量自身进行计算时,建议使用复合赋值运算符,这样效率会远高于算术运算符。
> (2)复合赋值运算符的结合性是从左到右。例如:
> int a＝6;
> a＋＝a＋＝6;//等效于 a＝a＋(a＋6);
> (3)Java 表达式中的圆括号与代数中的圆括号作用相同,能增强运算符的优先级。在 Java 表达式使用圆括号还能增强程序的可读性并使计算顺序清晰。

任务 3　掌握数据类型的转换

◆ **一、自动类型转换**

在程序运行时,经常需要将一种数据类型转换为另一种数据类型。例如,在计算 5/2 时,我们想得到带小数的结果 2.5,就必须将其中一个操作数转换为浮点数的形式。数据类型之间的合法转换如图 3.4 所示。

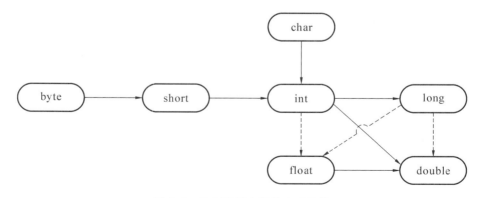

图 3.4　数据类型之间的合法转换

在图 3.4 中有 6 个实心箭头,表示无信息丢失的换行;有 3 个虚箭头,表示可能有精度损失的转换。例如,123 456 789 是一个整数,它所包含的位数比 float 类型所能够表达的位数多。当将这个整数类型数据转换为 float 类型数据时,将会得到同样大小的结果,但失去了一定的精度。

```
int n=123456789;
float f=n; //f 的值为 1.23456792E8
```

在使用上面两个数值进行数值运算操作时,先要将两个操作数转换为同一种数据类型,然后进行计算。

(1)如果两个操作数中有一个操作数是 double 类型,另一个操作数就会转换为 double 类型。例如:

```
int a=10;
double b=12.5;
double result=a+b; //a 将转换为 double 类型,最终运算的结果为 double 类型
```

(2)如果两个操作数中有一个操作数是 float 类型,另一个操作数就会被转换为 float 类型。例如:

```
int a=10;
float b=12.5f;
float result=a+b; //a 将被转换为 float 类型,最终运算的结果为 float 类型
```

(3)如果两个操作数中有一个操作数是 long 类型,另一个操作数就会被转换为 long 类型。例如:

```
int a=10;
long b=1000;
long result=a+b; //a 将被转换为 long 类型,最终运算的结果为 long 类型
```

(4)除上述三种情况外,两个操作数(包括 byte、short、int、char)都会被转换成 int 类型,并且结果也是 int 类型。例如:

```
byte a=10;
char b='a';  //字母 a 对应为 97
int result=a+b; //a、b 将被转换为 int 类型,最终运算的结果为 int 类型
```

程序在运算过程中发生自动类型转换的一般条件如下。

(1)两种数据类型要兼容。

(2)在计算过程中,小操作数的数据类型向大操作数的数据类型转换,计算结果也为表达式中大操作数的数据类型。

◆ 二、强制类型转换

在表达式的计算过程中,int 类型数据和 double 类型数据进行运算,int 类型会自动转换为 double 类型。在有些情况下也需要将 double 类型转换为 int 类型。在 Java 中,当将大数据类型转化为小数据类型(如将 double 类型转换为 int 类型)时,在转换过程中会丢失数据的精度。想要实现这种数据类型转换,需要使用强制类型转换。

强制类型转换的语法如下。

```
(数据类型)表达式
```

强制类型转换的使用见例 3.4。

【例 3.4】

```
package com.xxx.chapter3;
public class TypeTran {
    public static void main(String[] args) {
        int r=3;
        int round= (int)(2*3.14*r);//求圆的周长,强制类型转换后会丢失精度
        System.out.println("半径为"+r+"的圆的周长为:"+round);
    }
}
```

例 3.4 的运行结果如图 3.5 所示。

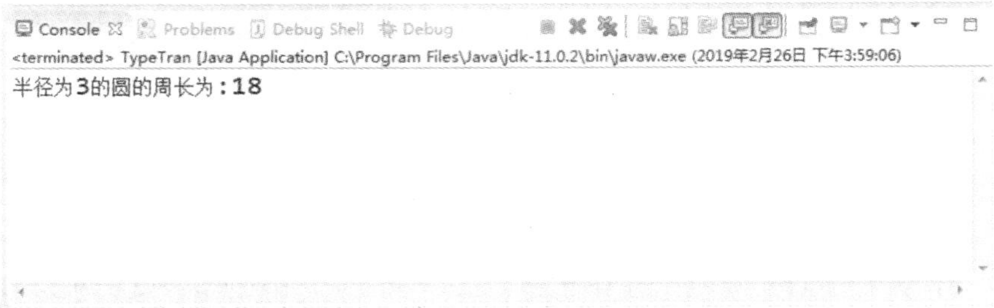

图 3.5　强制类型转换程序运行结果

强制类型转换可以将表达式的结果转换为表达式兼容类型的目标数据类型,但如果目标数据类型比原数据类型的容量小,则会丢失精度。

上机任务3

阶 段 1　算 术 运 算

1. 指导部分

1)实践内容

(1) 算术运算符的使用。

(2) 表达式。

2) 需求说明

腾讯公司为 Java 软件工程师提供了基本工资(8 000 元)、物价津贴和房租津贴。其中,物价津贴为基本工资的 30%,房租津贴为基本工资的 20%。要求编写程序计算实领工资。

3) 实现思路

(1) 声明变量,分别用于保存基本工资、物价津贴、房租津贴和实领工资。

(2) 根据公式计算物价津贴和房租津贴。

物价津贴＝基本工资 * 30/100

房租津贴＝基本工资 * 20/100

(3) 计算实领工资。

实领工资＝基本工资＋物价津贴＋房租津贴

4）参考代码

```
package com.xxx.chapter3;
public class Salary {
    public static void main(String[]  args) {
        double baseSalary=8000; //基本工资
        double allowance=baseSalary * 30/100;//物价津贴
        double rentalAllowance=baseSalary * 20/100; //房租津贴
        double realSalary=baseSalary+ allowance+ rentalAllowance;//实领工资
        System.out.println("该员工的工资明细为:");
        System.out.println("基本工资为:" +baseSalary);
        System.out.println("物价津贴为:" +allowance);
        System.out.println("房租津贴为:" +rentalAllowance);
        System.out.println("实领工资为:" +realSalary);
    }
}
```

程序运行结果如图 3.6 所示。

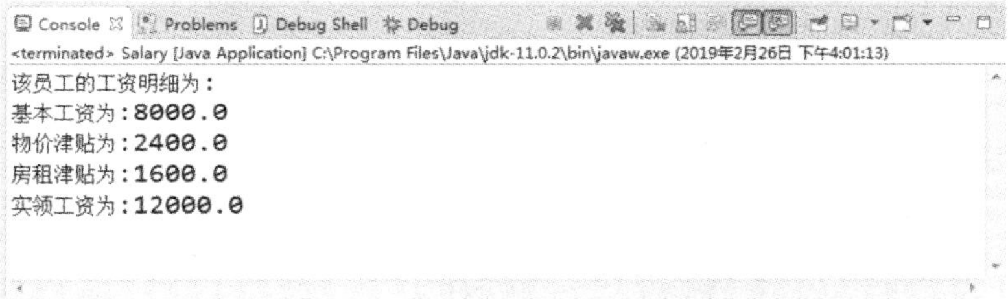

图 3.6　程序运行结果（八）

2. 练习部分

需求说明：编写一个程序，根据矩形的长（1.9 m）和宽（0.3 m）计算矩形的面积和周长。

> 提示：
> 计算面积的公式：面积＝长＊宽。
> 计算周长的公式：周长＝2＊（长＋宽）。

阶段 2　分 解 数 字

1. 指导部分

1）实践内容

（1）算术运算符。

（2）关系运算符。

2）需求说明

从控制台输入一个三位数，在程序中分解这三位数，判断输入的三位数是否是水仙花数，并输出结果。

水仙花数是指一个 n 位数（n≥3），它的每个位上的数字的 n 次幂之和等于它本身，例如，$1^3+5^3+3^3=153$。

3）实现思路

（1）使用变量接收输入的三位数。

（2）分解这三位数，获取各位上的数值，进行三次幂运算后求和。

X 个位上的数＝X％10；

X 十位上的数＝X/10％10；

X 百位上的数＝X/100％10。

（3）判断各位上的立方和是否等于该三位数，如果相等则该三位数为水仙花数。

4）参考代码

```java
package com.xxx.chapter3;
import java.util.Scanner;
public class NumSplit {
    public static void main(String[] args){
        Scanner input=new Scanner(System.in);
        int num= 0;
        System.out.println("请输入一个三位数:");
        num=input.nextInt();
        //分解该数字
        int gw=num%10;//求个位上的数
        int sw=num/10%10;//求十位上的数
        int bw=num/100%10;//求百位上的数
        //求和
        int sum= (gw* gw* gw)+(sw* sw* sw)+(bw* bw* bw);
        //判断是否是水仙花数
        System.out.println(num+ "为水仙花数的结果为:"+ (sum==num));
    }
}
```

2. 练习部分

需求说明：从控制台输入年份，判断该年是否为闰年，并输出判断结果。程序运行结果如图 3.7 所示。

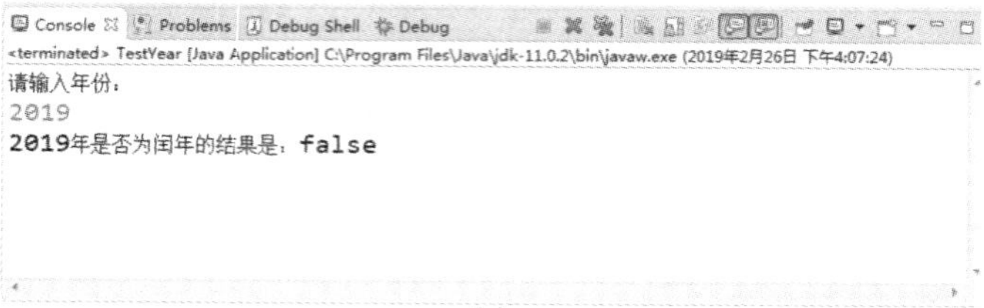

(a)

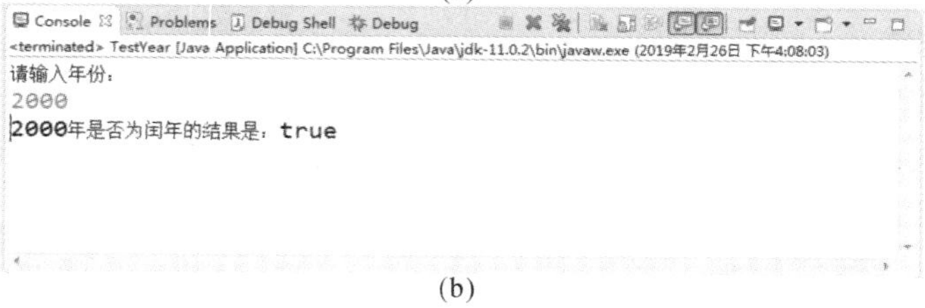

(b)

图 3.7　程序运行结果（九）

提示：

判断闰年的条件：能被 4 整除但不能被 100 整除，或者能被 400 整除。

 项目总结

● 在 Java 中，运算符按功能分赋值运算符、算术运算符、关系运算符和逻辑运算符等。

● 关系运算符运算后的结果为 boolean 类型。

● 逻辑运算符可以连接多个关系运算符，它的操作数与结果均为 boolean 类型。

● 数据类型转换分为自动类型转换和强制类型转换。

● 数据类型转换是为了方便对不同类型的数据进行计算，发生自动类型转换有一定的条件。

 习题3

一、选择题

1. 假定 x 和 y 为整数，值分别是 15 和 2，则 x/y 和 x%y 的值分别是（　　）和（　　）。

A. . 1　　　　　　　B. . 2　　　　　　　C. . 3　　　　　　　D. . 7

2. 表达式(11＋3 * 8)/4%3 的值是（　　）。

A. 31　　　　　　　B. 0　　　　　　　C. 2　　　　　　　D. 1

3. （多选）为一个 boolean 类型赋值，可以使用（　　）。

A. boolean flag＝9＞＝10;　　　　　　B. boolean flag＝1;

C. boolean flag＝2＋4;　　　　　　　D. boolean flag＝true;

4. 下列自动类型转换正确的是（　　）。

A. byte num＝2＋3　　　　　　　　　B. int num＝8.0

C. double num＝12＋21.5　　　　　　D. float num＝12＋21.5

二、简答题

1. Java 中的运算符按功能分为哪几类？它们分别有哪些运算符？

2. 简述 Java 中运算符的优先级。

3. 发生自动类型转换的条件有哪些？如何发生自动类型转换？

项目 4

选择结构

项目简介

在上一项目我们学习了 Java 中的运算符和表达式，能够通过运算符处理数据，基本解决了程序中数据的输入、处理和结果的输出问题。在前面项目中编写的程序总是从程序入口开始顺序地执行每一条语句，即从第一条语句开始顺序地执行完最后一条语句结束。在顺序执行程序的过程中，程序不会根据条件有选择性地执行某些语句或跳过某些语句。但是，我们在日常生活中经常遇到根据实际情况有选择性地执行某些操作的情况，条件满足时执行某任务，不满足时执行另一任务。在生活中还有很多需要重复执行某些操作的问题，在程序中也会对某些语句重复执行。对于程序语句的选择执行或重复执行问题，需要使用非顺序的程序结构来实现。本项目我们将初步介绍程序的顺序结构、选择结构和循环结构，并绘制各种结构的流程图。其中，重点介绍程序的选择结构，主要讲解 if 语句和 if…else 语句，通过这些条件语句解决常见的程序分支问题。

学习目标

（1）了解流程图与程序结构的概念。

（2）掌握 if 选择结构。

（3）掌握双分支结构。

上机任务

（1）系统登录。

（2）计算闰年。

1.Java 程序的结构分为_____、_____、_____。

2.条件结构执行时先_____,然后执行。

3.单分支 if 选择结构的语法是_____。

4.使用 if…else 结构时,条件为_____时,执行 if 中的代码块;条件为_____时,执行 else 中的代码块。

任务 1　了解流程图与程序结构的概念

◆ 一、流程图

编写程序用以解决问题时,必须事先对各类具体问题进行仔细分析,确定解决问题的具体方法和步骤,并根据该方法和步骤,实现程序的编写。在编程前通常用流程图来描述解决问题的方法和步骤。流程图是用于逐步解决问题的一种图形化方式。流程图直观、清晰地帮助我们分析问题或设计解决方案,是程序开发人员的好帮手。

流程图使用一组预定义的图形符号来说明如何执行特定的任务。流程图中的图形符号如表 4.1 所示。

表 4.1　流程图中的图形符号

图　　形	说　　明	图　　形	说　　明
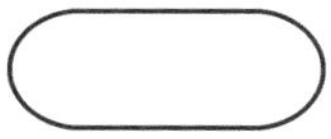	程序开始或结束	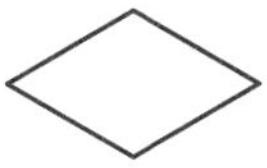	判断和分支
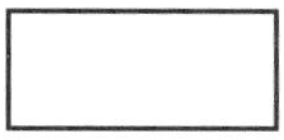	计算步骤/处理符号	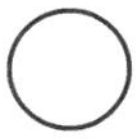	连接符
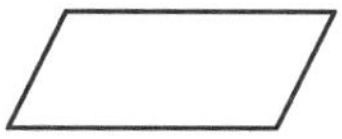	输入/输出指令		流程线

网站登录流程图如图 4.1 所示。

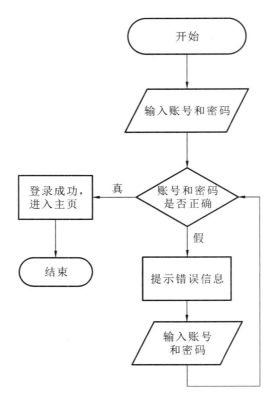

图 4.1　网站登录流程图

◆ 二、程序结构

Java 程序的结构有三种,分别是顺序结构、选择结构和循环结构。

1. 顺序结构

顺序结构是一组按照书写顺序执行的语句结构。这种语句结构的执行流程是顺序地从一个处理过程转向下一个处理过程。例如:

```
int a=10;  //语句 1
int b=20;  //语句 2
int sum=a+b;  //语句 3
System.out.println("sum="+sum);  //语句 4
```

在上述代码片段中,语句 1 执行后转向语句 2 执行,按照这样既定的顺序,从语句 1 到语句 4 顺序执行,不跳过某些语句执行,不重复执行某些语句,从整体结构来看,语句执行过程是一个有顺序的处理过程。

2. 选择结构

选择结构又称为分支结构。当程序执行到分支判断的语句时,首先判断条件,然后根据条件表达式的结果选择相应的语句执行。分支结构包括单分支、双分支和多分支三种形式。

3. 循环结构

在程序设计中,将重复执行的语句作为循环控制语句。当程序执行到循环控制语句时,根据循环判断条件的结果决定重复执行多少次循环操作。循环结构分为先判断后执行结构和先执行后判断结构两种。

从程序执行过程的角度而言,可以通过组合或镶套顺序结构、选择结构及循环结构这三种结构,来实现复杂多样的程序流程。

任务2 掌握 if 选择结构

◆ 一、选择结构

选择结构是在进行条件判断后做出处理的一种程序结构,程序要执行的语句可能被执行,也可能不被执行,这取决于选择结构中的条件是否满足,满足则执行此语句,不满足则不执行此语句。在 Java 中实现选择结构的语句有简单的 if 语句、if…else 语句、多分支 if…else 语句等。

◆ 二、if 语句

if 语句是在进行条件判断后做处理的一种语法结构。我们首先学习简单的 if 语句。简单的 if 语句也称为单分支 if 语句,语法如下。

```
if(条件表达式) {
    代码块;
}
```

简单 if 语句的流程图如图 4.2 所示。

从流程图中可以看出,if 语句的执行流程为先执行条件表达式,计算出条件表达式的值,如果结果为 true,执行 if 选择结构内的语句,否则不执行 if 选择结构内的语句,继续执行其后续的语句。

在 if 选择结构中,"if"为关键字,关键字"if"后的小括号内是一个条件表达式,即它的值必须为布尔类型(true 或 false)。程序执行时,先判断条件,当条件表达式的值为 true 时,程序先执行大括号中的语句,再执行 if 选择结构后的语句;当条件表达式的值为 false 时,程序不执行大括号内的语句,直接执行 if 选择结构后的语句。下面,我们分析以下程序的执行流程。

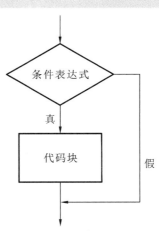

图 4.2 简单 if 语句的流程图

```
public class TestIf {
public static void main(String [] args) {
    语句 1;
    语句 2;
    if(条件) {
        语句 3;
    }
    语句 4;
    }
}
```

在上述程序中,main()是程序的入口,main方法中的语句将逐条被执行,首先执行语句1和语句2,然后对if语句的条件进行判断,如果条件成立,执行语句3,然后执行if选择结构后的语句4;如果条件不成立,语句3不执行,直接执行语句4。

> **经验:**
> 当"if"关键字后的一对大括号中只有一条语句时,可以省略大括号,但是为了避免当if选择结构中有多条语句时遗忘大括号以及保持程序整体风格一致,建议不要省略if选择结构的大括号。

使用if选择结构实现输入学生成绩、判断学生成绩是否及格、及格后输出结果功能见例4.1。

【例4.1】

```
package com.xxx.chapter4;
import java.util.Scanner;
public class SimpleIf {
    public static void main(String[] args) {
        Scanner input=new Scanner(System.in);
        System.out.println("请输入学生成绩:");    //提示输入学生成绩
        int score=input.nextInt();      //从控制台接收输入的成绩
        if(score>=60) {               //判断成绩是否及格
        System.out.println("成绩合格,获得等级证书!");
        }
    }
}
```

例4.1的程序运行结果如图4.3所示。

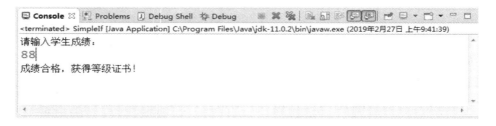

图4.3 例4.1的程序运行结果

成绩分为笔试成绩和机试成绩,两个成绩都合格方可获得计算机二级等级证书,对于这样复杂的条件,使用简单的if语句也能实现,实现代码见例4.2。

【例4.2】

```
package com.xxx.chapter4;
import java.util.Scanner;
public class SimpleIf2 {
    public static void main(String[] args) {
        Scanner input=new Scanner(System.in);
        int writtenScore ;//笔试成绩
```

```
        int practiceScore; //机试成绩
        System.out.println("请输入笔试成绩:");
        writtenScore=input.nextInt();
        System.out.println("请输入机试成绩:");
        practiceScore=input.nextInt();
        //判断笔试成绩与机试成绩是否都合格
        if(writtenScore>=60 && practiceScore>=60) {
            System.out.println("笔试与机试都合格,获得计算机二级等级证书!");
        }
    }
}
```

例 4.2 的程序运行结果如图 4.4 所示。

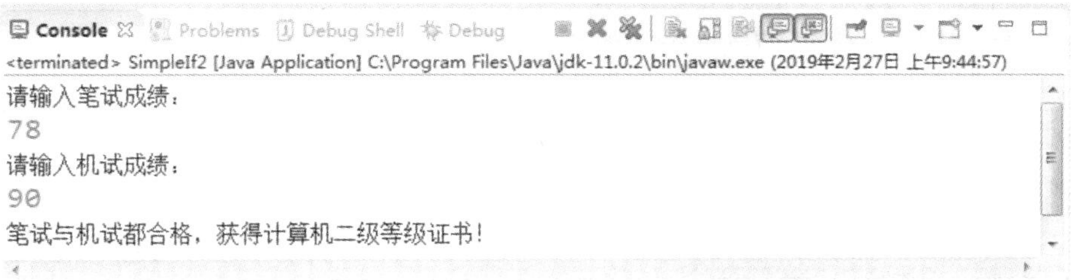

```
□ Console ✖  Problems  □ Debug Shell  ✦ Debug       ▣ ✖ ✖ | ▣ ▣ ▣ | ▣ ▣ ▣ | ▣ ▣ ▾ | ▣ ▾ | □ ▾
<terminated> SimpleIf2 [Java Application] C:\Program Files\Java\jdk-11.0.2\bin\javaw.exe (2019年2月27日 上午9:44:57)
请输入笔试成绩:
78
请输入机试成绩:
90
笔试与机试都合格, 获得计算机二级等级证书!
```

图 4.4　例 4.2 的程序运行结果

> **注意:**
> 　　如果在 if 条件后直接添加";"结束,程序会认为满足条件后的执行语句为空语句。例如:
> 　　　　if(score>=60) ;
> 　　　　System.out.println("成绩合格,获得软件工程师证书!");
> 　　在上述代码中,选择结构中的执行代码为一条空语句,分号执行完后代表选择结构结束,分号后的输出语句和 if 选择结构没有关系。

任务 3　掌握双分支结构

◆ 一、if…else 语句

　　单分支 if 选择结构仅当条件表达式为 true 时给出相应的处理代码,但当条件表达式为 false 时没有进行任何处理。若需要对条件表达式为 true 或 false 时都给出相应的处理代码,就需要使用双分支结构。

　　双分支结构使用 if…else 语句来实现,用于根据条件判断的结果执行不同的操作。

　　if…else 语句的语法如下。

```
    if(条件表达式) {
        代码块 1;
    } else {
```

if 语句 ▶

```
        代码块 2;
    }
```

双分支 if…else 选择结构的流程图如图 4.5所示。

在双分支 if…else 选择结构中,当条件表达式为真(true)时,执行代码块 1 的代码;当条件表达式为假(false)时,执行代码块 2 的代码。若 if…else 选择结构后还存在其他语句,则程序继续执行。

在程序中进行数据处理时,经常需要获取两个数字之间的较大值。在求较大值时,存在两个可能,若第一个数字大于或等于第二个数字,则较大值为第一个数字,否则,较大值为第二个数字。使用 if…else 选择结构实现求两个数之间的大值见例 4.3。

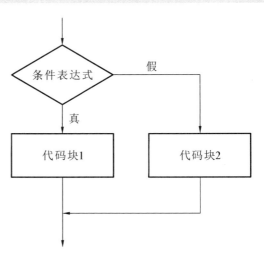

图 4.5　双分支 if…else 选择结构的流程图

【例 4.3】

```java
package com.xxx.chapter4;
import java.util.Scanner;
public class GetBigger {
    public static void main(String[] args) {
        Scanner input=new Scanner(System.in);
        //声明变量
        int num1, num2, max;
        //输入数字
        System.out.println("输入第一个数字:");
        num1=input.nextInt();
        System.out.println("输入第二个数字:");
        num2=input.nextInt();
        //判断后获得较大值
        if(num1>=num2) {
            max=num1;
        } else {
            max=num2;
        }
        //输出较大值
        System.out.println("较大值为:"+ max);
    }
}
```

例 4.3 的程序运行结果如图 4.6 所示。

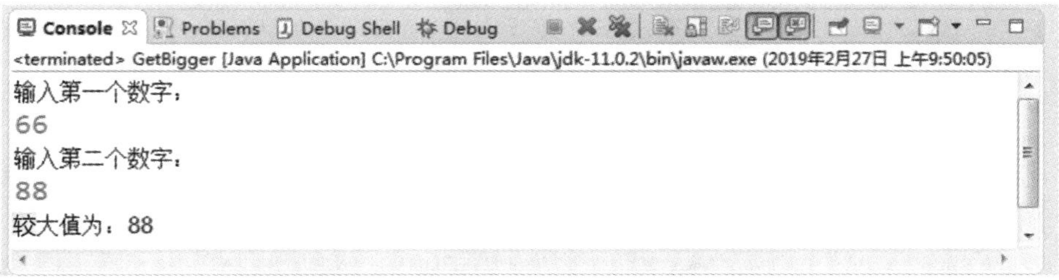

```
Console ✕   Problems   Debug Shell   Debug              ✕ ✕ ✕ | ▣ ▣ ▣ | ▣ ▣ ▣ | ▣ ▣ ▼ ▣ ▼
<terminated> GetBigger [Java Application] C:\Program Files\Java\jdk-11.0.2\bin\javaw.exe (2019年2月27日 上午9:50:05)
输入第一个数字:
66
输入第二个数字:
88
较大值为: 88
```

图 4.6　例 4.3 的程序运行结果

◆ 二、嵌套的选择结构

在选择结构的语句中包含另一个选择结构称为嵌套的选择结构。嵌套的选择结构常见的形式如下。

```
if(条件表达式 1){
    if(条件表达式 2){         内层选择结构
        代码块 1;
    } else {
        代码块 2;
            }
    } else {
    if(条件表达式 3){         内层选择结构
        代码块 3;
    } else {
        代码块 4;
    }
    }
```

在嵌套的选择结构中,只有在外层条件成立的情况下,才会执行内层的条件语句。例如,在上述代码结构中,条件表达式 1 成立才会执行条件表达式 2,否则执行条件表达式 3,逐层成立,逐层执行。

使用嵌套的选择结构实现以下功能:在体育课上,男生与女生引体向上达标的个数分别为 12 个和 8 个。编写程序实现判断引体向上成绩是否达标功能。实现代码见例 4.4。

【例 4.4】

```
package com.xxx.chapter4;
import java.util.Scanner;
public class Sport {
    public static void main(String[] args) {
        char gender; //性别
        int num; //引体向上的个数
        Scanner input=new Scanner(System.in);
        System.out.println("请输入学生性别:");
        gender=input.next().charAt(0);
        System.out.println("请输入引体向上的个数:");
```

双分支 if…else 选择结构 ▶

```
        num=input.nextInt();
        //判断成绩是否达标
        if(gender=='男') {
            if(num>=12) {
                System.out.println("该男生引体向上成绩达标!");
            } else {
                System.out.println("该男生引体向上成绩不达标!");
            }
        } else {
            if(num>=8) {
                System.out.println("该女生引体向上成绩达标!");
            } else {
                System.out.println("该女生引体向上成绩不达标!");
            }
        }
    }
}
```

例 4.4 的程序运行结果如图 4.7 所示。

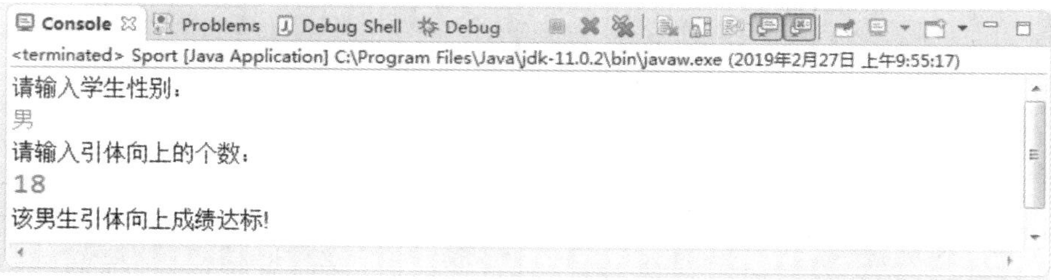

图 4.7 例 4.4 的程序运行结果

> 提示:
> 嵌套的选择结构很灵活,在各种选择结构之间可以相互嵌套。使用嵌套的选择结构时要注意语句前后的对称。

上机任务4

阶段 1 系统登录

1. 指导部分

1) 实践内容

(1) 字符串比较。

(2) 条件表达式。

(3) if…else 选择结构。

2）需求说明

输出系统的登录界面信息，如图 4.8 所示，在登录界面中选择相应的选项，如果选择"1"，输出"正在登录系统…"；如果选择"2"，输出"系统已退出！"。

图 4.8　系统的登录界面信息

3）实现思路

（1）输出登录界面信息。

（2）接收通过键盘输入的数据。

（3）判断输入选项，输出相关信息。

4）参考代码

```java
package com.xxx.chapter4;
import java.util.Scanner;
public class Login {
    public static void main(String[] args) {
        String account,password;
        int choose;
        Scanner input=new Scanner(System.in);
        System.out.println("*****************************");
        System.out.println("\t1.系统登录");
        System.out.println("\t2.退出系统");
        System.out.println("*****************************");
        System.out.print("请选择输入:");
        choose=input.nextInt();
        if(1==choose) {
            System.out.println("正在登录系统…");
        }
        if(2==choose){
            System.out.println("系统已退出！");
        }
    }
}
```

2. 练习部分

1）需求说明

在指导部分的基础上，实现系统登录功能。当用户选择"1"登录系统时，系统进入登录信息输入界面，根据界面的提示信息输入登录账号和登录密码，然后判断登录账号和登录密码是否正确,如果正确则登录系统主界面,效果如图 4.9 所示,否则提示用户名或密码错误,效果如图 4.10 所示。

图 4.9　登录成功运行效果

图 4.10　登录失败运行效果

2) 实现思路

(1) 定义变量,接收登录账号和登录密码。

(2) 接收通过键盘输入的数据。

(3) 判断输入的登录账号和登录密码与设定的登录账号和登录密码是否一致。

(4) 登录系统或提示错误信息。

> 提示:
> 判断字符串是否相等,通过 equals 方法实现,如判断登录账号是否匹配"admin",使用以下代码。
> ```
> String password="admin";
> boolean result="admin".equals(password);
> ```
> 使用 equal 方法判断字符串是否相等时,结果返回的是 boolean 类型的值。

阶段 2　判 断 闰 年

1. 指导部分

1) 实践内容

(1) 条件表达式。

(2) if…else 语句。

(3) 嵌套的选择结构。

2）需求说明

（1）用户根据提示信息输入年份，程序判断出该年是否为闰年。

（2）如果该年为闰年，则输出"该年为闰年"；否则，输出"该年为平年"。程序运行结果如图 4.11 所示。

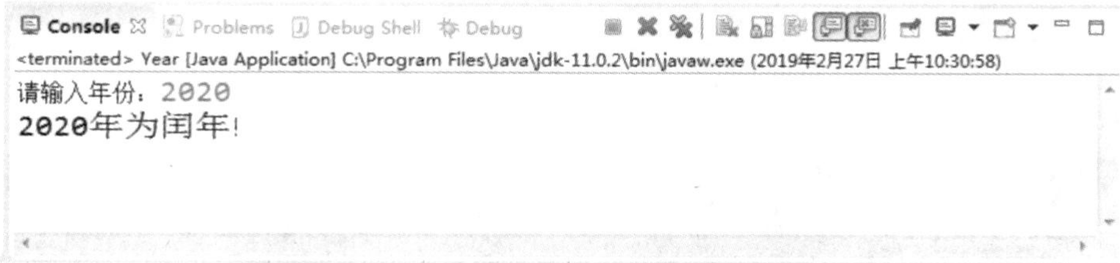

图 4.11　程序运行结果（十）

3）实现思路

（1）接收输入的年份数据。

（2）判断该年是否为闰年，判断条件为：能被 4 整除但不能被 100 整除，或者能被 400 整除。

（3）输出判断结果。

4）参考代码

参考代码如下。

```
package com.xxx.chapter4;
import java.util.Scanner;
public class Year {
    public static void main(String[] args) {
        Scanner input=new Scanner(System.in);
        int year;
        System.out.print("请输入年份:");
        year=input.nextInt();
        if((year%4==0&&year%100!=0)||(year%400==0)) {
            System.out.println(year+"年为闰年!");
        } else {
            System.out.println(year+"年为平年!");
        }
    }
}
```

2. 练习部分

需求说明如下。

在指导部分的基础上进行扩展，实现以下功能。

（1）通过键盘输入年份和月份。如果月份在 1～12 内，输出"××年××月有××天"；否则，输出"输入的月份不正确"。

（2）在输出 2 月份的天数时，要先判断该年是否为闰年，然后输出天数（28 天或 29 天）。

（3）使用嵌套的选择结构实现。

程序运行结果如图 4.12 所示。

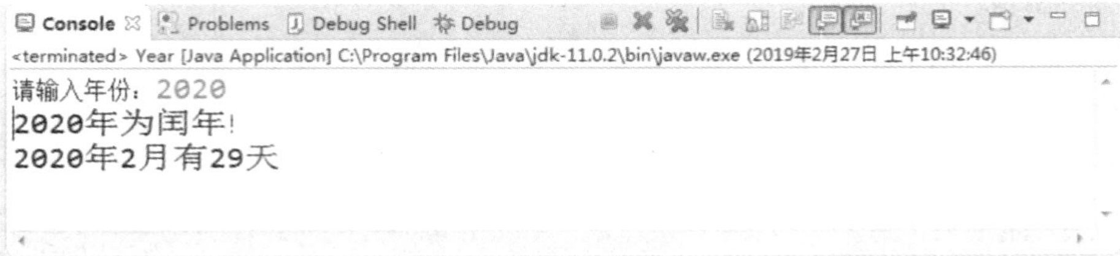

图 4.12 判断月份天数的程序运行结果

项目总结

- Java 程序的结构分为顺序结构、选择结构、循环结构。
- 选择结构先判断条件是否正确然后执行条件内的语句。
- 单分支结构的语法是 if(条件表达式){代码块;}。
- 选择结构中条件表达式的结果必须是 boolean 类型。
- 双分支 if…else 选择结构中,程序要么选择 if 代码块中的语句,要么选择 else 代码块中的语句,只能选择其一来执行。
- 各种选择结构可以通过相互嵌套来实现复杂的选择结构。

 习题4

一、选择题

1. 下述 Java 程序的运行结果是( )。

```java
int num1=40;
    int num2=20;
    if(num1<num2)
    {
        System.out.println("num2 大");
    }
    System.out.println("num2="+num2);
```

A. 无显示　　　　　　B. num2 大　　　　　　C. num2＝20　　　　　　D. num2 大,num2＝20

2. 在 Java 中,如果下述代码中表达式的值为 true,则( )。

```java
if(表达式)
    {
        语句 1;
    }
    else
    {
        语句 2;
    }
```

A. 执行语句 1　　　　　　　　　B. 执行语句 2

C. 执行语句 1 和语句 2　　　　　D. 既不执行语句 1，也不执行语句 2

3. 下述 Java 语句的运行结果是(　　　)。

```
int num1=50;
    int num2=30;
    if(num1>num2)
        System.out.println("num1 大");
        System.out.println("num1="+num1);
    else
        System.out.println("num2 大");
        System.out.println("num2="+num2);
```

A. num1 大，num1＝50　　　　　　B. num2 大，num2＝30

C. num1 大，num1＝50，num2 大，num2＝30　　D. 语法错误，程序不能执行

4. 下述 Java 代码的运行结果是(　　　)。

```
public static void main(String[] args)
    {
        int num1=50;
        int num2=30;
        int num=40;
        if(num<num1){
            System.out.println("比 num1 小");
            if(num<num2){
                System.out.println("比 num2 小");
            }
        }
    }
```

A. 比 num1 小　　　　　　　　　B. 比 num2 小

C. 比 num1 小，比 num2 小　　　　D. 语法错误

二、简答题

1. Java 程序的结构分为哪几种？

2. 简述 if…else 选择结构的运行流程。

3. 编写程序实现判断输入的数字是奇数还是偶数功能。

项目 5

选择结构
进阶

项目简介

在上一项目中,我们学习了基本的选择结构和流程图,对程序的流程设计有了初步的了解,并能编写简单的分支语句。在 Java 的选择结构中,我们重点讲解了单分支 if 选择结构和双分支 if…else 选择结构,掌握了这两种条件语句的语法,能够通过基本的选择结构解决程序中的选择判断问题,使程序能够选择执行某些操作。使用基本的选择结构比较容易实现单分支和双分支的程序流程,但在实际问题中情况复杂,程序有多个分支,而过多的嵌套会导致程序冗长、结构不清晰,降低程序的可读性。基于这些问题,本项目将学习多分支结构,讲解多重 if 语句和 switch 语句。通过多重 if 语句,能够很清晰地实现多分支结构;通过 switch 语句,能够实现更简洁明了的多分支结构,可以使程序在多个选项中进行选择。本项目最后对这两种多分支语句进行了总结与对比。在编程时,根据实际情况选择合适的多分支语句。

学习目标
(1) 掌握多重 if 语句的使用。
(2) 掌握 switch 语句的使用。
(3) 掌握多种选择结构的优点。

上机任务
(1) 制作电子商务系统菜单。
(2) 实现购物结算。

课前预习思考5

1. 在 switch 语句中，switch 后的表达式与 case 后面的常量是进行 _____ 比较。
2. 多重 if 语句与 switch 语句的相同点是 _____ ，不同点是 _____ 。
3. switch 语句后表达式的值的类型可以是 _____ 、 _____ 和 _____ 。

任务 1 掌握多重 if 语句的使用

通过单分支 if 语句和双分支 if…else 语句能够解决程序有两条分支的问题。当要解决多分支问题，并且每种分支情况有不同的操作，执行不同的语句时，我们需要采用多分支结构。多重 if 语句能实现多分支结构，语法如下。

```
if(条件表达式 1){
    代码块 1;
} else if (条件表达式 2){
    代码块 2;
} else  {
    代码块 3;
}
```

在多重 if 语句的语法中，条件表达式的值也必须是 boolean 类型；else if 块可以有多个或没有，else if 块的数量完全取决于需要；else 块最多只能有一个，且只能放在后面。

多重 if 语句的流程图如图 5.1 所示。

从图 5.1 中可以看出，首先，程序判断条件表达式 1，如果成立，执行代码块 1，然后直接跳出该多重 if 选择结构，执行它后面的语句。在这种情况下，代码块 2 和代码块 3 都不会被执行。如果条件表达式 1 不成立，程序会执行条件表达式 2，如果判断条件表达式 2 成立，则执行代码块 2，然后跳出该多重 if 选择结构，执行它后面的语句。在这种情况下，代码块 1 和代码块 3 都不会被执行。如果条件表达式 2 也不成立，代码块 1 和代码块 2 都不被执行，而直接执行代码块 3。

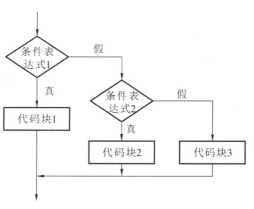

图 5.1 多重 if 语句的流程图

下面我们通过多重 if 语句解决以下问题。

使用多重 if 语句对学生的考试成绩进行评测，评测标准如下：成绩 >=90 为优秀，成绩 >=80 为良好，成绩 >=60 为中等，成绩 <60 为差。

使用多重 if 语句解决该问题的代码见例 5.1。

【例5.1】

```java
package com.xxx.chapter5;

public class GetScore {
    public static void main(String[] args) {
        int score= 92;
        if(score>= 90) {    //考试成绩>=90
            System.out.println("优秀");
        } else if (score>= 80) {    // 90>考试成绩>=80
            System.out.println("良好");
        } else if (score>= 60) {    // 80>考试成绩>=60
            System.out.println("中等");
        } else {                    //考试成绩<60
            System.out.println("差");
        }
    }
}
```

例5.1的程序运行结果如图5.2所示。

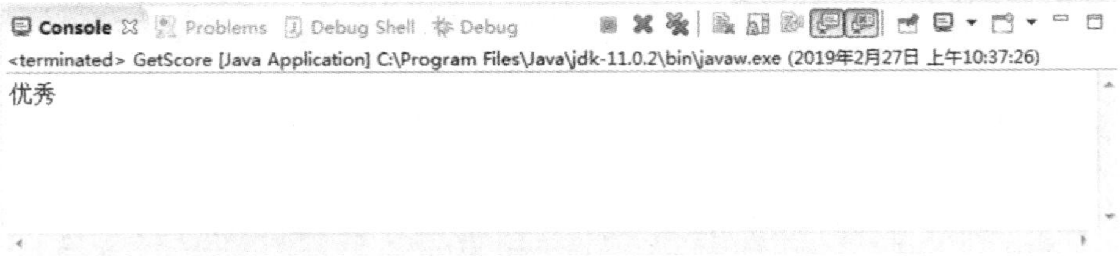

图5.2 例5.1的程序运行结果

由例5.1可知,else if块的执行顺序是连续的,而不是跳跃的;后面条件的执行是在前面条件没有满足的情况下进行的。所以多重if语句中条件表达式是有序的,要么从大到小,要么从小到大,总之是要按顺序排列。条件表达式不按顺序排列的代码见例5.2。

【例5.2】

```java
package com.xxx.chapter5;

public class GetScore {
    public static void main(String[] args) {
        int score= 92;
        } else if(score>= 60) {
            System.out.println("中等");
        if(score>= 90) {
            System.out.println("优秀");
        } else if(score>= 80) {
            System.out.println("良好");
        } else {
            System.out.println("差");
```

```
          }
        }
      }
```

例 5.2 的程序运行结果如图 5.3 所示。

 Console ⊠ 🔲 Problems 🔟 Debug Shell 🦋 Debug   ▤ ✖ ✖ | 🔃 🔃 | 🔃 🔃 | ▫ 🔲 ▾ 🗂 ▾ ▾ □ □
<terminated> GetScore [Java Application] C:\Program Files\Java\jdk-11.0.2\bin\javaw.exe (2019年2月27日 上午10:39:11)
中等

图 5.3 例 5.2 的程序运行结果

在例 5.2 中,我们将条件表达式与相应的语句顺序打乱后,发现当考试成绩为 92 时,先满足了 score>=60,所以输出了"中等",而没有输出对应的"优秀"。

> **注意:**
> 使用多重 if 语句时要注意条件表达式排列的顺序,因为多重 if 语句在前一个条件不满足时才执行下一个条件,一旦有条件满足,则不会继续执行。

任务 2 掌握 switch 语句的使用

◆ 一、switch 语句的语法

switch 语句又称为多分支语句,用于处理多重条件的选择结构。使用 switch 语句实现多分支结构,可以简化程序的结构。特别是在处理等值判断问题时,使用 switch 语句更加方便。switch 语句的语法如下。

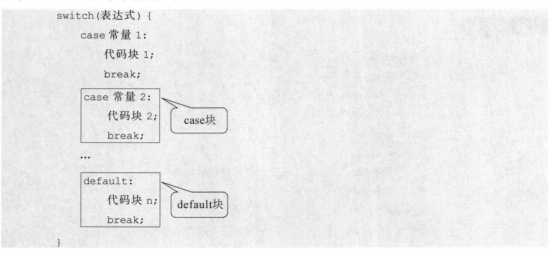

```
switch(表达式) {
    case 常量 1:
        代码块 1;
        break;

    case 常量 2:          ← case块
        代码块 2;
        break;

    ...

    default:             ← default块
        代码块 n;
        break;
}
```

在上述语法中,switch、case、break、default 均为关键字。

(1) switch 表示"开关",此开关就是"switch"关键字后面小括号中表达式的值,小括号内表达式值的类型只能是 char 类型、整型或 String 类型。

（2）case 表示"情况"，"case"关键字后必须是一个 char 美型、整型或 String 类型的常量表达式，如 8、'a'、"jack"。case 块可以有多个，顺序可以改变，但是每个"case"关键字后的常量值不能相同。

（3）default 表示"默认"，即表达式的值与任何一个"case"关键字后的常量值均不匹配时，执行 default 语句。default 块可以省略，并且它与 case 块的顺序可以调整，通常 default 块放在 switch 语句的最后。

（4）break 表示"停止"，即跳出当前 switch 结构，不再继续执行 switch 选择结构中的剩余部分。

◆ 二、switch 语句的执行流程

switch 语句的流程图如图 5.4 所示。

switch 语句的执行流程如下：先计算"switch"关键字后面小括号中表达式的值，然后将计算的结果依次与每个"case"关键字后的常量进行比较；当遇到两者相等的情况时，执行该 case 块中的语句，遇到 break 时跳出 switch 选择结构，执行 switch 选择结构之后的语句。如果没有任何一个"case"后的常量与小括号中表达式的值相等，则执行 default 块中的语句。

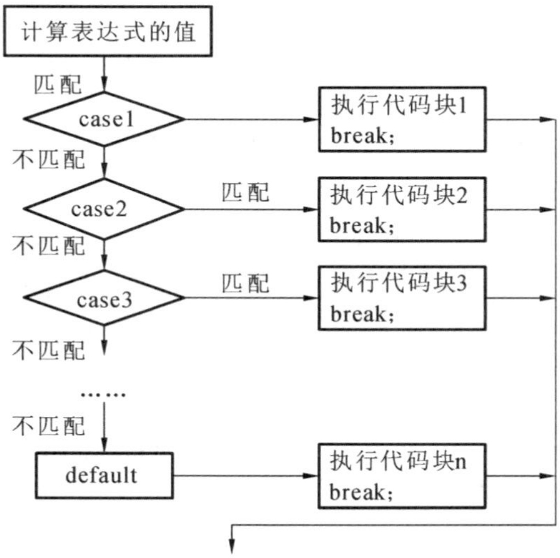

图 5.4　switch 语句的流程图

◆ 三、switch 语句的使用举例

了解了 switch 语句的语法和执行流程后，下面可以使用 switch 语句解决等值判断的问题。这里以判断成绩的名次、输出相应的奖励为例来讲解 switch 语句的使用方法，具体代码见例 5.3。

【例 5.3】

```java
package com.xxx.chapter5;
public class Compete {
    public static void main(String[] args) {
        int no=3;    //成绩名次
        switch(no) {
            case 1:
                System.out.println("奖励联想笔记本一台");
                break;
            case 2:
                System.out.println("奖励移动硬盘一个");
                break;
            case 3:
                System.out.println("奖励 U 盘一个");
                break;
```

```
            default:
                System.out.println("没有任何奖励");
                break;
        }
    }
}
```

例 5.3 的程序运行结果如图 5.5 所示。

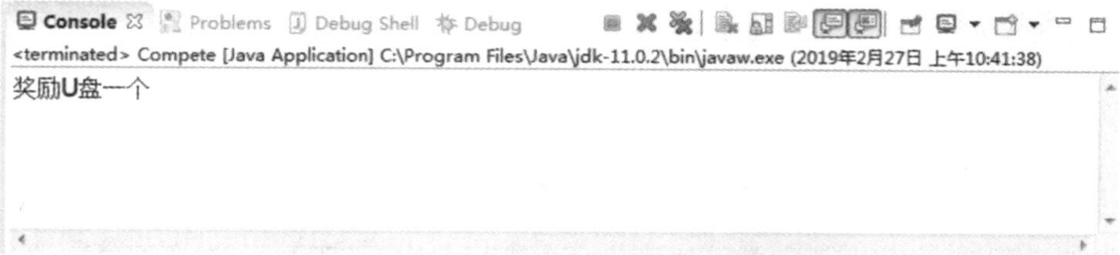

图 5.5　例 5.3 的程序运行结果

在例 5.3 中,程序将"switch"关键字后面小括号中表达式的值与"case"关键字后的常量进行对比,如果相等则执行该"case"关键字后面的语句,直到遇到"break"关键字退出 switch 选择结构,如果没有遇到相等的常量,则执行"default"关键字后面的语句。

> 提问:
> 如果使用多重 if 语句来解决例 5.3 的问题,代码该如何编写呢?对比这两种多分支结构,分析哪一种更为简洁。

◆ 四、switch 语句的特殊使用情况

在使用 switch 语句时,有几种特殊的情况。

(1) 在 case 代码块中省略"break"语句,程序会继续向下执行,不会再进行等值判断,直到遇到"break"语句才跳出 switch 选择结构,否则一直执行 switch 语句到最后一行。省略"break"语句后的代码见例 5.4。

【例 5.4】

```
package com.xxx.chapter5;
public class Compete {
    public static void main(String[] args) {
        int no=1;    //成绩名次
        switch(no) {
            case 1:
                System.out.println("奖励联想笔记本一台");
            case 2:
                System.out.println("奖励移动硬盘一个");
            case 3:
                System.out.println("奖励 U 盘一个");
            default:
```

```
                    System.out.println("没有任何奖励");
                }
            }
        }
```

例 5.4 的程序运行结果如图 5.6 所示。

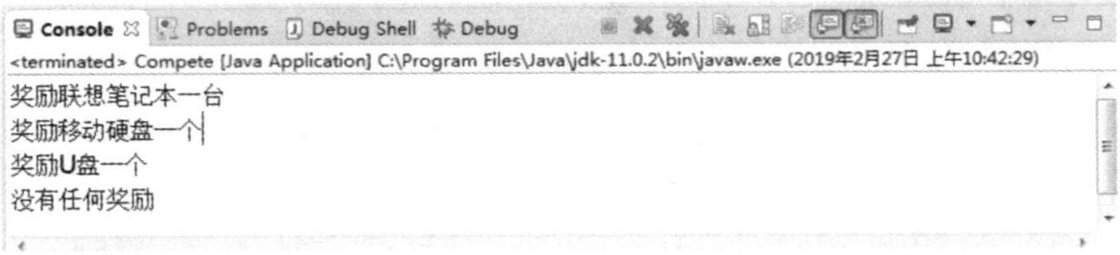

图 5.6　例 5.4 的程序运行结果

由例 5.4 可知,switch 语句的等值比较只会进行一次,当匹配后,执行匹配 case 块中的语句,如果没有 break 语句,程序会一直执行下去,不会跳出 switch 选择结构。

（2）多个 case 块可以执行同一个代码块,见例 5.5。

【例 5.5】

```
    package com.xxx.chapter5;
    public class Numbers {
        public static void main(String[] args) {
            int num=2;
            switch(num) {            奇数情况
                case 1:
                case 3:
                case 5:
                    System.out.println("奇数!");
                    break;
                case 2:                 偶数情况
                case 4:
                case 6:
                    System.out.println("偶数!");
                    break;
            }
        }
    }
```

例 5.5 的程序运行结果如图 5.7 所示。

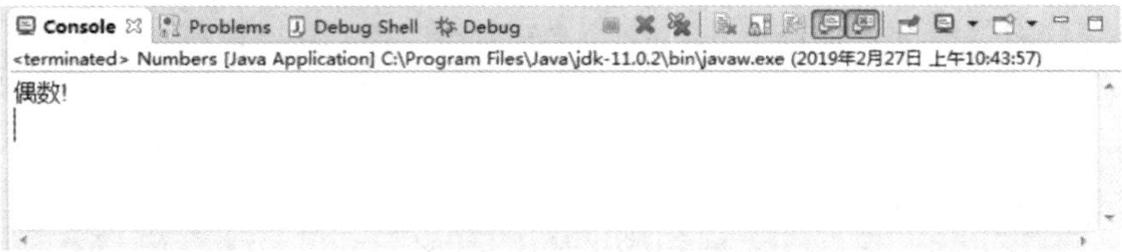

图 5.7　例 5.5 的程序运行结果

例 5.5 中，"case"关键字后面的常量 1、3、5 共用一块执行语句，2、4、6 共用一块执行语句；在程序执行过程中，遇到 break 语句就跳出 switch 选择结构，执行 switch 选择结构后续的程序。

> **注意：**
>
> 在 JDK 1.6 和之前的版本中，switch 语句的条件必须是整数、字符变量或表达式；在 JDK 1.7 和之后的版本中，switch 语句的条件可以使用 String 类型的变量或表达式。
>
> 在 switch 语句中，"case"关键字后面的常量不能相同，且常量的类型必须和"switch"关键字后小括号内的表达式的类型一致或者兼容。

任务 3　掌握多种选择结构的优点

到目前为止，我们已经学习了 Java 提供的单分支结构、双分支结构和多分支结构。下面，我们对这三大选择结构进行总结。

◆ 一、单分支结构

单分支结构使用 if 语句实现，语法如下。

```
if(条件表达式){
        代码块;
}
```

当条件表达式为 true 时，执行 if 选择结构中的语句，否则不执行 if 选择结构中的语句，继续执行其后续的语句。

◆ 二、双分支结构

双分支结构使用 if…else 语句实现，语法如下。

```
if(条件表达式){
        代码块 1;
} else {
        代码块 2;
}
```

当条件表达式为 true 时，执行代码块 1 中的代码，否则执行代码块 2 中的代码。

◆ 三、多分支结构

多分支结构有多重 if 语句和 switch 语句，这两种语句都可以实现多分支结构。多重 if 语句的语法如下。

```
if(条件表达式 1){
        代码块 1;
} else if(条件表达式 2) {
        代码块 2;
} else {
        代码块 3;
}
```

多重 if 语句会根据条件的顺序进行匹配,如果某个条件为 true,则执行相应代码块中的内容,其他的代码块则不执行。

switch 语句可以实现多分支结构,语法如下。

```
switch(表达式){
    case 常量 1:
        代码块 1;
        break;
    case 常量 2:
        代码块 2;
        break;
    ...
    default:
        代码块 n;
        break;

}
```

使用 switch 语句时,首先计算"switch"关键字后小括号内表达式的值,表达式的值可以为 char 类型、整型或 String 类型,表达式的值计算完毕后,依次与"case"关键字后面的常量进行比较,如果相等则执行该 case 块中的语句,直到遇到 break 语句后跳出 switch 选择结构,执行其后的程序部分。

多重 if 语句和 switch 语句都可以实现多分支结构,但是多重 if 语句通常用于条件为连续区间的情况,而 switch 语句用于等值比较的情况。在多分支且条件为等值比较的情况下,使用 switch 选择结构代替多重 if 结构会更简单,代码更易读且结构更清晰。

 上机任务5

阶段 1　制作电子商务系统菜单

1. 指导部分

1)实践内容

(1)多重 if 语句。

(2)switch 语句。

2)需求说明

登录购物系统后,进入购物系统主界面,在购物系统主界面中有"1. 查看商品""2. 我的购物车""3. 购物结算""4. 注销"四个选项。

使用多重 if 语句实现输入数字进入相应的界面菜单,然后输出以下内容。

输入"1",则输出"查看商品>进入查看商品界面!"。

输入"2",则输出"查看商品>进入我的购物车界面!"。

输入"3",则输出"查看商品>进入购物结算界面!"。

输入"4",则输出"系统已注销!"。

输入其他选项，则输出"输入错误！"。

电子商务系统菜单操作如图 5.8 所示。

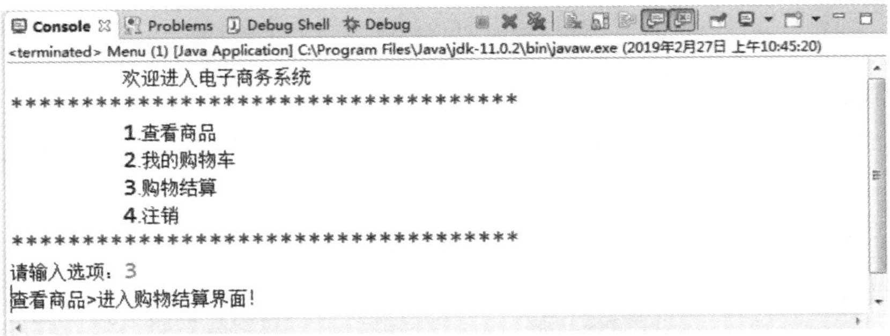

图 5.8 电子商务系统菜单操作

3）实现思路

（1）输出主界面。

（2）接收用户输入的选项。

（3）使用 switch 选择结构进行比较。

（4）根据匹配的结果输出内容。

4）参考代码

```java
import java.util.Scanner;
public class Menu {
    public static void main(String[] args) {
        int choose=0;
        Scanner input=new Scanner(System.in);
        System.out.println("\t 欢迎进入电子商务系统");
        System.out.println("*******************************");
        System.out.println("\t1.查看商品");
        System.out.println("\t2.我的购物车");
        System.out.println("\t3.购物结算");
        System.out.println("\t4.注销");
        System.out.println("*******************************");
        System.out.print("请输入选项:");
        choose=input.nextInt();
        if(choose==1) {
            System.out.println("查看商品>进入查看商品界面!");
        } else if(choose==2) {
            System.out.println("查看商品>进入我的购物车界面!");
        } else if(choose==3) {
            System.out.println("查看商品>进入购物结算界面!");
        } else if(choose==4) {
            System.out.println("系统已注销!");
        } else {
```

```
                System.out.println("输入错误!");
            }
        }
    }
```

2. 练习部分

需求说明:使用 switch 选择结构对指导部分进行重构,满足指导部分的需求,实现相同的功能。

阶段 2　实现购物结算

1. 指导部分

1) 实践内容

(1) 条件表达式。

(2) 多重 if 语句。

(3) switch 语句。

2) 需求说明

使用 switch 语句拟订一个购物计划。购物计划具体为:星期一、星期三、星期五购买伊利牛奶和面包,星期二、星期四购买苹果和香蕉,星期六、星期日购买啤酒和周黑鸭。程序运行结果如图 5.9 所示。

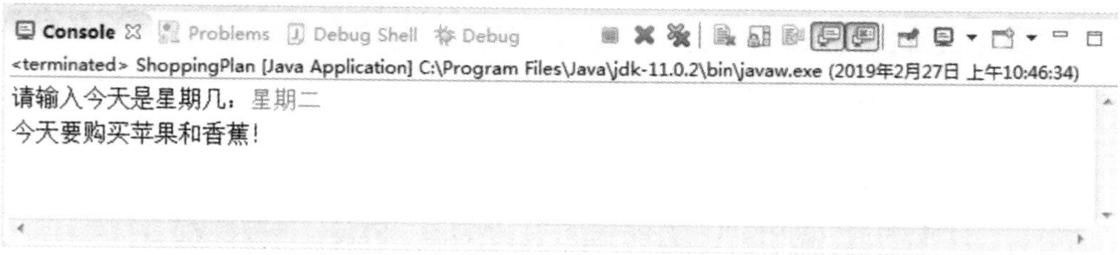

```
Console ☒  Problems  Debug Shell  Debug      ■ ✖ ✖ | ▦ ▦ | ☞ ☞ | ☞ ☞ ▾ ☞ ▾ ─ □
<terminated> ShoppingPlan [Java Application] C:\Program Files\Java\jdk-11.0.2\bin\javaw.exe (2019年2月27日 上午10:46:34)
请输入今天是星期几: 星期二
今天要购买苹果和香蕉!
```

图 5.9　购物计划的程序运行结果

3) 实现思路

(1) 定义字符串变量,用以接收输入的星期。

(2) 使用 switch 语句进行匹配判断。

(3) 输出判断结果。

4) 参考代码

参考代码如下。

```java
import java.util.Scanner;
public class ShoppingPlan {
    public static void main(String[] args) {
        Scanner input=new Scanner(System.in);
        String day="";
        System.out.print("请输入今天是星期几:");
        day=input.next();
        switch(day) {
            case "星期一":
```

```
            case "星期三":
            case "星期五":
                System.out.println("今天要购买伊利牛奶和面包!");
                break;
            case "星期二":
            case "星期四":
                System.out.println("今天要购买苹果和香蕉!");
                break;
            case "星期六":
            case "星期日":
                System.out.println("今天要购买啤酒和周黑鸭!");
                break;
            default:
                System.out.println("您输入的星期有误!");
                break;
        }
    }
}
```

2. 练习部分

需求说明如下。

在购物结算时,商场推出优惠换购活动。单次消费满 50 元,加 1 元可换购可口可乐一瓶;单次消费满 100 元,加 2 元可换购洗洁精一瓶;单次消费满 200 元,加 5 元可换购欧莱雅洗发水一瓶;单次消费满 300 元,加 10 元可换购伊利牛奶一箱。单次消费只有一次换购机会。综合运用 if 语句和 switch 语句满足以上需求。程序运行结果如图 5.10 所示。

图 5.10 换购结算的程序运行结果

> **提示:**
> 实现换购时,需要先判断消费金额是否满足优惠换购活动的条件,综合运用 if 语句和 switch 语句实现。

项目总结

● 多分支结构有多重 if 选择结构和 switch 选择结构。

● 多重 if 语句可以进行区间判断,条件按顺序执行,如果上一个条件没有满足则执行下一个条件,一旦条件为 true 则执行该分支内的语句,其他分支不会执行。

● 使用 switch 语句实现等值判断的多分支结构较为简洁。

● 在 switch 语句中,"swith"关键字后小括号内表达式的值与"case"关键字后的常量匹配成功后不再进行下次匹配,使用 break 语句跳出 switch 选择结构。

● 在实际的开发中,遇到分支情况时,通常会综合运用 if 选择结构的各种形式与 switch 选择结构解决问题。

 习题5

一、选择题

1.有 else if 块的选择结构是（　　）。

A. 基本 if 语句　　　　　　B. if-else 语句　　　　　　C. 多重 if 语句　　　　　　D. switch 语句

2.下述 Java 程序的运行结果是（　　）。

```java
char ch='f';
    switch(ch)
    {
        default:
            System.out.println("不及格");
            break;
        case'a':
            System.out.println("优秀");
            break;
        case'b':
            System.out.println("良好");
            break;
        case'c':
            System.out.println("及格");
            break;
    }
```

A. 不及格　　　　　　B. 优秀　　　　　　C. 及格　　　　　　D. 不显示

3.当 x＝2 时,Java 程序的运行结果是（　　）。

```java
switch(x){
    case 1:
        System.out.println("1");
        break;
```

```
    case 2:
    case 3:
        System.out.println("3");
    case 4:
        System.out.println("4");
        break;
    }
```

A. 3,4   B. 无任何输出   C. 存在语法错误   D. 3

4. 下述 Java 程序的运行结果是(　　)。

```
    int a=2,b=-1,c=2;
        if(a<b)
            if(b<0)
                c=0;
        else
            c++;
        System.out.println(c);
```

A. 0   B. 2   C. 3   D. 4

5. 关于 Java 中的 switch 语句,下列说法正确的是(　　)。

A. switch 语句的表达式可以是整型或字符类型,但不能是字符串类型

B. 在该语句中,case 子句最多不能超过 5 条

C. 在该语句中,最多有一条 default 子句

D. 在该语句中,只能有一条 break 语句

二、简答题

1. 简述多重 if 语句的执行流程。

2. 简述 switch 语句的执行流程。

3. 对比多重 if 语句与 switch 语句,并总结它们的异同。

項目 6

循环结构

项目简介

在前面的项目中,我们学习了程序设计中的选择结构。选择结构是一种先判断条件然后选择执行所满足的条件所对应的代码块,这就使程序中的某些语句不一定会被执行,程序出现了分支。在 Java 中,除选择结构外,还有一种非常重要的结构,即循环结构。循环结构可以解决程序中需要重复执行某些操作的问题。循环结构能够通过简洁的语法让某段程序重复执行,避免了编写大量重复的代码,减少了代码的冗余,简化了编程。本项目我们将学习循环结构中的while 语句和 do…while 语句,通过学习这两种语句的语法与执行流程,解决重复操作问题。对于这一部分内容,要重点理解这两种语句的执行流程。本项目最后对 while 语句和 do…while 语句进行了对比,阐述了这两种语句在语法和执行流程上的区别。

学习目标

(1)理解循环的概念。

(2)掌握 while 语句的使用。

(3)掌握 do…while 语句的使用。

上机任务

(1)累加求和。

(2)优化登录模块。

课前预习思考6

1. while 语句的执行流程是 _____。

2. do…while 语句的执行流程是 _____。

3. 使用循环的步骤为：_____，_____，_____。

4. while 语句和 do…while 语句的区别有 _____、_____、_____
____。

任务 1　理解循环的概念

◆ 一、循环

在 Java 中,循环是指重复操作或重复执行代码。例如,复印 100 份试卷、录入 36 个学生的信息、抄写 50 遍某个单词等,这些都是重复操作,都可以称为循环。

任何循环都需要有开始和结束的条件。如果循环无休止地进行,则称之为死循环。

一个完整的循环结构必须满足以下特征。

(1) 循环有开始和结束的条件。

(2) 有需要重复执行的操作或代码。

需要重复执行的操作或代码称为循环操作或循环体。

我们以生活中的循环案例(见表 6.1)为例来分析循环的特征。

表 6.1　生活中的循环案例及其特征分析

循 环 案 例	循 环 条 件	循 环 体
复印 100 份试卷	从 1 份到 100 份	复印试卷,已复印试卷数量加 1
录入 36 名学生信息	从 1 名到 36 名	录入学生信息,录入数量加 1
抄写 50 遍某个单词	从第 1 遍到第 50 遍	抄写单词,已抄写单词数量加 1

◆ 二、循环结构

我们在编程时,也会经常遇到要重复执行的问题。例如,你想表明自己勤奋学习的决心,说 10 遍"好好学习,天天向上!"。使用程序来完成上述操作见例 6.1。

【例 6.1】

```
public class SayStudy {
    public static void main(String[] args) {
        System.out.println("说第 1 遍:好好学习,天天向上!");
        System.out.println("说第 2 遍:好好学习,天天向上!");
```

```
            System.out.println("说第 3 遍:好好学习,天天向上!");
            System.out.println("说第 4 遍:好好学习,天天向上!");
            System.out.println("说第 5 遍:好好学习,天天向上!");
            System.out.println("说第 6 遍:好好学习,天天向上!");
            System.out.println("说第 7 遍:好好学习,天天向上!");
            System.out.println("说第 8 遍:好好学习,天天向上!");
            System.out.println("说第 9 遍:好好学习,天天向上!");
            System.out.println("说第 10 遍:好好学习,天天向上!");
        }
    }
```

程序运行结果如图 6.1 所示。

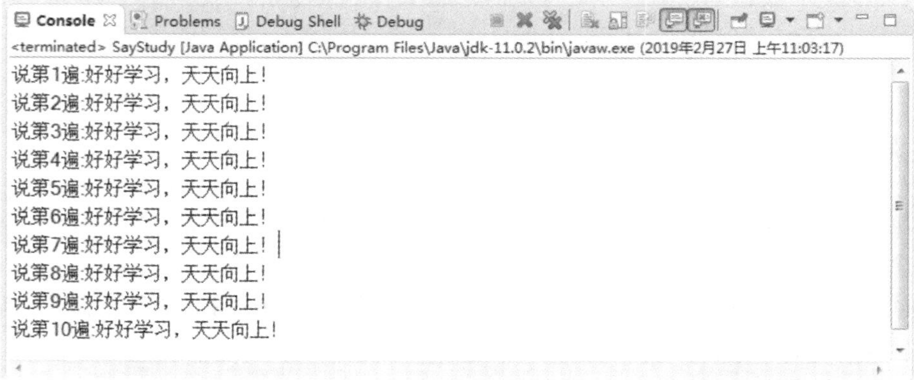

图 6.1　例 6.1 的程序运行结果

试想,如果我们通过程序模拟说 100 遍或 1 000 遍,那么我们需要将该语句重复 100 次或 1 000 次。对于这些需要重复的操作,在 Java 中可以使用循环结构来解决,见例 6.2。

【例 6.2】

```
public class SayStudyByLoop {
    public static void main(String[] args) {
        int count=1;
        while(count<=10) {
            System.out.println("说第"+count+"遍:好好学习,天天向上!");
            count++;
        }
    }
}
```

程序运行结果与例 6.1 的程序运行结果一致。

对比例 6.1 和例 6.2,在代码结构上,我们可以看出例 6.2 使用循环结构能够很简洁地解决重复执行问题。将程序修改为输出 1 000 次"好好学习,天天向上!"也很简单,只需要改变一下条件即可。

Java 中提供了 3 种循环结构来解决重复操作问题。循环结构由循环条件和循环操作组成,它们可以细化为循环条件初始化部分、循环执行条件部分、循环体部分、循环条件改变部分四个要素。

Java 中的循环语句有 while 语句、do…while 语句和 for 语句。本项目我们先学习 Java 中的 while 语句和 do…while 语句。

任务 2 掌握 while 语句的使用

◆ 一、while 语句

while 语句是一种先判断然后执行循环操作的循环语句,语法如下。

```
while(循环条件){
    循环操作;
}
```

在 while 语句中,循环条件是 boolean 表达式,即循环条件的值必须是 boolean 类型;循环操作就是当循环条件满足时要执行的语句。

while 语句的流程图如图 6.2 所示。

由图 6.2 可知,当循环条件为真时执行循环操作,然后判断循环条件,如果循环条件为真,则继续执行循环操作,直到循环条件为假时退出循环。

使用 while 语句实现复印 58 份试卷操作见例 6.3。

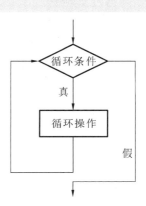

图 6.2　while 语句的流程图

【例 6.3】

```
package com.xxx.chapter6;
public class CopyPaper {
    public static void main(String[] args) {
        int count=1;
        while(count<=58) {
            System.out.println("复印第"+count+"份试卷");
            count++;//改变循环条件,已复印试卷数量加 1
        }
    }
}
```

例 6.3 的程序运行结果如图 6.3 所示。

使用循环结构时,一定要分析出循环的初始条件、循环的结束条件、循环操作、循环条件的改变。

> 经验:
> 使用 while 语句解决重复操作问题的步骤如下。
> (1) 分析循环条件和循环操作。
> (2) 套用 while 语句语法写出代码。
> (3) 检查循环能否退出。

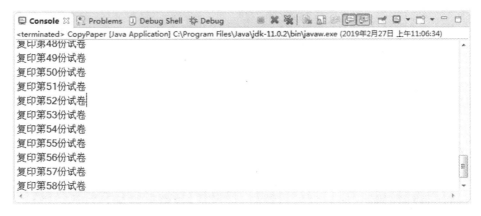

图 6.3 例 6.3 的程序运行结果

在某些循环操作中，表达式和循环条件存在一定的关系，如计算 1~100 闭区间内的整数和。分析步骤如下。

（1）循环初始条件为"int count＝1；"。

（2）执行循环操作的条件为"count＜＝100"。

（3）循环操作为"sum＝sum＋count"。

（4）改变循环条件中的变量为"count＋＋；"。

其中，循环操作中的表达式会累加 count，每次加入的 count 都会与条件一同变化，count 从 1 变化到 100，当超过 100 时，循环结束。程序代码见例 6.4。

【例 6.4】

```
package com.xxx.chapter6;
public class GetSum {
    public static void main(String[] args) {
        int count=1,sum=0;
        while(count<=100) {
            sum+=count; //累加求和
            count++; //条件改变，被加入 sum 中的值也会递增
        }
        System.out.println("1~100 的整数之间的和为:"+sum);
    }
}
```

例 6.4 的程序运行结果如图 6.4 所示。

> 注意：
> 循环结构中一定要有循环条件改变部分，否则循环条件不能变化，一旦循环条件永远为真，就会出现死循环。

◆ 二、while 语句的常见错误

（1）循环一次也不执行。代码如下。

◀ while 语句的使用

图 6.4　例 6.4 的程序运行结果

```
int i=1;
while(i>5) {
    System.out.println("Hello Java!");
    i++;
}
```

运行程序发现,循环一次都不会执行,原因是循环条件 i>5 永远为 false,应该修改循环条件:i<=5。while 语句在条件为 true 时才执行循环操作,在条件为 false 时不执行循环操作。

(2) 循环执行次数错误。例如,需要输出 5 行"Hello Java!",代码如下。

```
int i=1;
while(i<5) {
    System.out.println("Hello Java!");
    i++;
}
```

程序运行时,输出了 4 行"Hello Java!",原因是当 i=5 时,i<5 的结果为 false,不满足循环条件,循环操作没有被执行。可以将循环条件更改为 i<=5 或者将 i 的初值改为 0。

(3) 死循环。代码如下。

```
int i=1;
while(i<=5) {
    System.out.println("Hello Java!");
}
```

在此循环中,循环条件一直没有改变,i 的值永远是 1,而 1<=5 永远是 true,所以循环操作会一直被执行,循环不会结束。循环操作中可以添加代码"i++",来实现循环条件的改变。

> 经验:

　　在检查循环代码时,最好使用调试工具,通过设置断点、单步执行,观察循环语句执行的流程与循环条件中变量值的变化,然后分析导致问题的原因,修正代码。

任务 3　掌握 do…while 语句的使用

◆ 一、do…while 语句

与 while 语句不同,do…while 语句先执行循环操作,再判断循环条件,即使循环条件不成立,循环操作也至少被执行了一次。

do…while 语句的语法如下。

```
do {
    循环操作;
}while(循环条件);
```

在 do…while 语句中:do…while 是 Java 中的关键字;do…
while 语句结束后的分号";"不能省略;循环条件的值为 boolean
类型;循环操作可以是一条语句,或者是由多条语句组成的复合
语句,当仅有一条语句时,大括号可以省略。

do…while 语句的流程图如图 6.5 所示。

从图 6.5 中可以看出,do…while 语句先执行一次循环操
作,然后判断循环条件是否为真,若为真,则继续执行循环操作;
若为假,则退出循环,继续执行循环外的语句。

编写程序模拟学生考试,学生先考试,如果成绩没有及格,
则继续考试,反之则结束。实现代码见例 6.5。

【例 6.5】

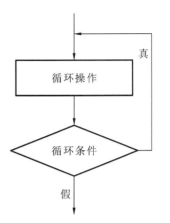

图 6.5 do…while 语句的流程图

```
package com.xxx.chapter6;
import java.util.Scanner;
public class Test {
    public static void main(String[] args) {
        int score;
        Scanner input=new Scanner(System.in);
        do{
            System.out.println("学生参加考试!");
            System.out.print("老师请输入学生考试成绩:");
            score=input.nextInt();
        }while(score< 60);
        System.out.println("恭喜你,考试成绩合格!");
    }
}
```

例 6.5 的程序运行结果如图 6.6 所示。

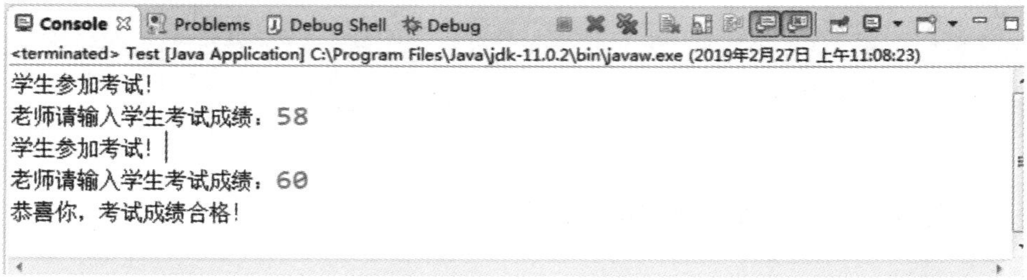

```
🖳 Console ✕  🔝 Problems  🔟 Debug Shell  🕸 Debug        ▪ ✕ ✖ | ▨ ▨ ▱ | ▣ | ⬜ ▾ ⬜ ▾
<terminated> Test [Java Application] C:\Program Files\Java\jdk-11.0.2\bin\javaw.exe (2019年2月27日 上午11:08:23)
学生参加考试!
老师请输入学生考试成绩:58
学生参加考试! |
老师请输入学生考试成绩:60
恭喜你,考试成绩合格!
```

图 6.6 例 6.5 的程序运行结果

◆ 二、while 语句与 do…while 语句的区别

虽然 while 语句和 do…while 语句都可以解决重复操作问题,实现循环结构,但是这两种循环语句存在一定的区别,如表 6.2 所示。

表 6.2 while 语句与 do…while 语句的区别

类 别	while 语句	do…while 语句

语法	while(循环条件){
	　循环操作;
	}
		do{
		　循环操作;
		}while(循环条件);

执行流程	先判断后执行	先执行后判断
初始条件为假时	初始条件为假时,循环操作一次也不被执行	初始条件为假时,循环操作被执行一次

虽然这两种循环语句存在区别,但是可以将 while 语句进行修改,从而实现和 do…while 语句同样的功能。

 上机任务6

阶段 1 累 加 求 和

1. 指导部分

1)实践内容

(1)if 语句。

(2)while 语句。

2)需求说明

使用循环结构,计算 1~100 闭区间内所有偶数的和。程序运行结果如图 6.7 所示。

图 6.7 求 1~100 闭区间内所有偶数的和程序运行结果

3)实现思路

(1)定义循环初始变量。

(2)确定循环结束条件。

(3)循环判断是否为偶数。

(4)循环累加求和。

4）参考代码

```java
package com.xxx.chapter6;
public class EvenSum {
    public static void main(String[] args) {
        int i=1; //从 1 开始
        int sum=0; //存储和值
        while(i<=100) {
            //判断是否为偶数
            if(i%2==0) {
                sum+=i; //累加偶数求和
            }
            i++;
        }
        System.out.println("1～100 闭区间的偶数和为:"+sum);
    }
}
```

2. 练习部分

需求说明：编写一个程序，打印出 100～999 闭区间内所有的水仙花数。所谓水仙花数，是指一个三位数，其各位数字的立方和等于该数字本身。

例如，153 就是一个水仙花数，因为 $153 = 1^3 + 5^3 + 3^3$。

> **提示:**
> （1）使用循环语句对 100～999 闭区间内所有的三位数进行筛选。
> （2）对每一个三位数进行分解，然后求各位数字的立方和并判断与该数字是否相等。

阶段 2　优化登录模块

1. 指导部分

1）实践内容

（1）if 语句。

（2）while 语句。

（3）do…while 语句。

2）需求说明

使用循环结构实现系统登录，根据提示输入登录账号和登录密码，此处指定登录账号和登录密码分别为 admin 和 123。登录成功后进入系统，登录失败后继续执行登录操作。程序运行结果如图 6.8 所示。

3）实现思路

（1）接收登录账号和登录密码数据。

（2）判断登录账号和登录密码是否正确。

（3）若登录账号和登录密码正确，则进入系统；否则，继续登录。

4）参考代码

参考代码如下。

图 6.8　登录效果

```java
package com.xxx.chapter6;
import java.util.Scanner;
public class Login {
    public static void main(String[] args) {
        String account,password;
        int choose;
        boolean isUser=false; //判断是否是用户
        Scanner input=new Scanner(System.in);
        System.out.println("*******************************");
        System.out.println("\t1.系统登录");
        System.out.println("\t2.退出系统");
        System.out.println("*******************************");
        System.out.print("请选择输入:");
        choose=input.nextInt();
        if(1==choose) {
            do {
            System.out.print("请输入登录账号:");
            account=input.next();
            System.out.print("请输入登录密码:");
            password=input.next();
            isUser="admin".equals(account)&&"123".equals(password);
            if(isUser) {
                System.out.println("\t欢迎进入电子商务系统");
                System.out.println("*******************************");
                System.out.println("\t1.查看商品");
                System.out.println("\t2.我的购物车");
                System.out.println("\t3.购物结算");
                System.out.println("\t4.注销");
                System.out.println("*******************************");
```

```
                    } else {
                        System.out.println("用户名或密码错误,请重新输入!");
                    }
                }while(!isUser);
            }
            else if(2==choose){
                System.out.println("系统已退出!");
            }
        }
    }
}
```

2. 练习部分

需求说明如下。

在指导部分的基础上继续优化登录模块,系统启动后,进入登录界面,系统显示"1.系统登录""2.退出系统"。

当用户输入"1"或"2"时,系统会有响应,但是在指导部分中,如果输入的不是"1"和"2",系统没有响应,用户也不知道如何进行下一步操作。基于以上问题,我们要优化登录模块,实现以下功能:当用户输入的不是"1"或"2"时,系统会提示输入错误并要求重新选择输入,直到用户选择输入正确为止。程序运行结果如图 6.9 所示。

图 6.9　优化登录模块的程序运行结果

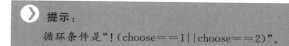

> **提示:**
> 循环条件是"!(choose==1||choose==2)"。

项目总结

● 循环结构由循环条件和循环操作构成,只要满足循环条件,循环操作就会被重复执行。

● 使用循环结构解决问题的步骤为:分析循环条件和循环操作,套用循环语句的语法,检查循环能否退出。

● 编写循环结构代码时要注意循环控制变量的初值和结束条件,确保循环次数正确,并检查循环条件能否使循环结束,避免出现死循环。

● while 语句的特点是先判断循环条件,后执行循环操作。do…while 语句的特点是先执行循环操作,然后判断循环条件。

● 检查循环代码时,最好用调试工具,通过设置断点、单步执行,观察循环语句执行的流程与循环条件中变量值的变化,然后分析导致问题的原因,修正代码。

习题6

一、选择题

1.(多选)下列说法正确的有(　　)。

A. while 语句是先执行循环操作后判断循环条件

B. 程序调试时加入断点会改变程序的执行流程

C. do…while 语句的循环操作至少被无条件执行一次

D. while 语句的循环操作有可能一次都不被执行

2. 不可以作为循环条件的表达式是(　　)。

A. i=5 　　　　　　　　　　　　　B. i<3

C. bEquel=str. equals("s"); 　　　D. count==1

3. 关于下述代码,说法错误的是(　　)。

```
int k=10;
    while(k==0) {
        k=k-1;
    }
```

A. 循环操作将被执行 10 次

B. 死循环,循环操作将一直被执行下去

C. 循环操作将被执行 1 次

D. 循环操作一次也不被执行

4. 下述 Java 程序运行后,输出的结果是(　　)。

```
int a=0;
    while(a<5) {
        switch(a) {
            case 0:
            case 3:
                a=a+2;
            case 1:
            case 2:
                a=a+3;
        }
```

```
        }
        System.out.println(a);
```

A. 0   B. 5   C. 10   D. 其他

5. 下述 Java 程序运行后,输出的结果是(   )。

```
    int count=1;
        intsum=0;
        while(count<5) {
        sum+=count;
        count++;
        }
        System.out.println(sum);
```

A. 1   B. 4   C. 5   D. 10

二、简答题

1. while 语句和 do…while 语句可以相互转换吗? 若可以,如何实现?

2. 简述 while 语句和 do…while 语句的区别。

项目 7

循环结构进阶

项目简介

在上一项目中我们学习了在编程过程中采用循环结构来解决重复执行问题，这样可以简化编程工作，使程序更加简洁、易读。我们主要学习了 while 循环结构和 do…while 循环结构，while 循环结构是先判断后执行的循环结构，do…while 循环结构为先执行后判断的循环结构。本项目我们将继续学习循环，讲解另一种循环结构——for 循环结构。for 语句功能强大，循环控制变量的赋初值、循环条件的判断、循环条件的改变和循环操作都可以包含在 for 语句中。for 循环结构清晰、语法灵活，在 Java 中广泛使用。本项目我们还讲解了 break 语句和 continue 语句这两种跳转语句，使用跳转语句后，循环流程更容易控制。在本项目的最后，我们深入讲解了程序调试。学好程序调试能够方便我们快速找到程序中的问题并及时解决问题。

学习目标

（1）掌握 for 语句的使用。

（2）掌握跳转语句的使用。

（3）掌握程序调试。

上机任务

（1）商品统计。

（2）跳转语句的使用。

课前预习思考7

1. 在 Java 中,for 语句中的表达式 1 用于_____。
2. 在 Java 中,for 语句中的表达式 2 用于_____。
3. 在 Java 中,for 语句中的表达式 3 用于_____。
4. break 语句的作用是_____。
5. continue 语句的作用是_____。

任务 1　掌握 for 语句的使用

◆ 一、for 语句概述

在使用 while 语句时,我们输出 100 次"好好学习,天天向上!",代码如下。

```
int i=0;
while(i<100) {
    System.out.println("好好学习,天天向上!");
    i++;
}
```

从上述代码中可以发现,循环次数"100"已经固定,该次数由以下三个要素确定。

(1) 循环初始部分:int i=0。

(2) 循环条件:i < 100。

(3) 循环迭代部分:i++。

通过以上三个要素,可以确定一个循环的次数。在循环次数已知的情况下使用 for 语句能够使循环结构更加简洁、清晰。修改上述代码,使用 for 语句实现,代码如下。

```
for(int i=0;i<100;i++) {
    System.out.println("好好学习,天天向上!");
}
```

使用 Eclipse 运行上述两段代码,发现它们的结果一致,但是使用 for 语句实现更为简洁。

在 for 循环结构中,循环初始部分、循环条件和循环迭代部分都在 for 语句中,结构清晰明了。在 Java 中 for 语句使用广泛,特别适用于循环次数已知的情况。

for 语句的语法如下。

```
for(表达式 1;表达式 2;表达式 3) {
    循环操作;
}
```

在 for 语句的语法中,"for"是关键字,表达式的含义如下。

(1) 表达式 1 为循环结构的初始化部分,主要用于为循环控制变量赋初值,通常为赋值表达式。

（2）表达式 2 为循环结构的条件部分，主要用于判断循环条件是否成立，条件结果为 true 时执行循环操作。该表达式通常为关系表达式或逻辑表达式。

（3）表达式 3 为循环迭代部分，主要用于修改循环控制变量的值，通常用于对循环控制变量进行自增操作或自减操作。

for 语句的流程图如图 7.1 所示。

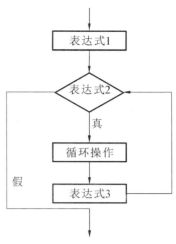

图 7.1　for 语句的流程图

由 for 语句的流程图可知，首先执行表达式 1，其次判断表达式 2 是否成立，若表达式 2 的结果为真，则执行循环操作，之后执行表达式 3，在表达式 3 执行后，再判断表达式 2 的结果是否为真，如此重复，直至表达式 2 的结果为假，结束循环，执行循环结构之后的代码。

> **注意：**
> 在 for 语句的执行过程中，表达式 1 仅执行一次。

◆　二、for 语句的使用

使用 for 语句实现求 1～100 闭区间内整数的和，代码见例 7.1。

【例 7.1】

```java
package com.xxx.chapter7;
    public class GetSum {
        public static void main(String[] args) {
            int sum=0;
            for (int i=1; i<=100; i++) {
                sum+=i; //累加求和
            }
            System.out.println("1～100 的整数之间的和为"+sum);
        }
    }
```

例 7.1 的程序运行结果如图 7.2 所示。

```
Console ⊠  Problems  Debug Shell  Debug          ■ ✖ ✖ | ⬛ ⬛ ⬛ ⬛ ⬛ | ⬛ ⬛ ▾ ⬛ ▾ ⬛ ▾ ⬛ ⬛
<terminated> GetSum (1) [Java Application] C:\Program Files\Java\jdk-11.0.2\bin\javaw.exe (2019年2月27日 下午1:45:23)
1~100的整数之间的和为: 5050
```

图 7.2　例 7.1 的程序运行结果

在例 7.1 中，for 语句的执行过程如下。

（1）初始化变量 i(int i=1)。

（2）判断循环条件(i＜＝100)。

（3）如果循环条件为 true,则执行循环操作进行累加求和(sum＋＝i),然后继续执行迭代部分,改变循环控制变量的值(i＋＋),接着继续判断表达式 2,这样就在判断、循环操作与迭代之间形成循环,直至判断表达式 2 的值为 false。

（4）如果循环条件为 false,则不执行循环操作,直接退出循环结构。

编写 Java 程序,输入一个学生五门课程的成绩,并求出五门课程成绩的平均分。计算平均成绩,需要将每一门课程的成绩逐步累加到总成绩中。使用 for 语句实现上述操作见例 7.2。

【例 7.2】

```
package com.xxx.chapter7;

import java.util.Scanner;

public class AvgScore {

    public static void main(String[] args) {

        Scanner input=new Scanner(System.in);

        System.out.println("请输入学生的姓名:");

        String name=input.nextLine();

        int sum=0,score;

        for(int i=0 ; i<5; i++) {

            System.out.println("请输入第"+ (i+1)+"门课程的成绩:");

            score=input.nextInt(); //接收输入的成绩

            sum+=score;   //累加成绩求总分

        }

        double avg=sum/5.0; //计算平均分

        System.out.printf("学生%s考试的平均成绩:%.2f",name,avg);

    }

}
```

例 7.2 的程序运行结果如图 7.3 所示。

图 7.3　例 7.2 的程序运行结果

在使用 for 语句时,一定要弄清楚循环次数,循环次数由循环控制变量的初值、循环条件以及循环控制变量改变部分共同决定,协调好 for 语句中各部分的表达式,可以实现相同的功能。循环次数示例如表 7.1 所示。

表 7.1　循环次数示例

循环控制变量的初值	循 环 条 件	循环控制变量改变	循 环 次 数
int i=0	i<5	i++	5
int i=0	i<=4	i++	5
int i=5	i>0	i--	5
int i=4	i>=0	i--	5

在使用 for 语句时,表达式 1 和表达式 3 都可以包括多个表达式,多个表达式之间使用逗号隔开,见例 7.3。

【例 7.3】

```
package com.xxx.chapter7;
import java.util.Scanner;
public class Add {
    public static void main(String[] args) {
        Scanner input=new Scanner(System.in);
        System.out.println("请输入一个数字:");
        int num=input.nextInt();
        System.out.println("数字"+num+"的加法表如下:");
        for (int i=0,j=num-1;i<num;i++,j--) {
            System.out.printf("%d+%d=%d\n",i,j,num);
        }
    }
}
```

例 7.3 的程序运行结果如图 7.4 所示。

在例 7.3 中,表达式 1 同时对变量 i 和 j 赋初值,表达式 3 同时改变 i 和 j 的值。在循环结构中可以存在多个循环控制变量。表达式之间的逗号用于分隔表达式,表达式运算的顺序为从左至右。

在使用 for 语句时,表达式 1、表达式 2 及表达式 3 均可省略,但";"不能省略。下面我们分析一下省略表达式的情况。

(1) 省略表达式 1:for(;表达式 2;表达式 3)。

表达式 1 用于对循环控制变量进行初始化。省略 for 语句中的表达式 1,不会出现语法错误。我们可以将循环控制变量初始化放在 for 循环之前。例如:

```
int i=1;
for(;i<=5;i++) {
System.out.println("Hello Java!");
}
```

图 7.4　例 7.3 的程序运行结果

（2）省略表达式 2：for（表达式 1；；表达式 3）。

表达式 2 用于判断循环条件是否成立。省略表达式 2 即没有循环判断，循环条件永远为真，此时将出现死循环。例如：

```
for(int i=1;;i++){
System.out.println("Hello Java!");
}
```

（3）省略表达式 3：for（表达式 1；表达式 2；）。

表达式 3 用于修改循环控制变量的值。省略表达式 3 后，循环控制变量的值不会变化，这样会导致循环条件永远为真，出现死循环。例如：

```
for(int i=0;i<5;) {
System.out.println("Hello Java!");
}
```

（4）省略所有的表达式：for（；；）。

省略 for 语句的三个表达式后，该循环成为死循环。可以通过跳转语句结束死循环。

省略 for 语句的表达式后，不会导致程序的语法错误，但是程序的结构不够清晰，不便于阅读与维护。建议在使用 for 语句时尽量不省略任何一个表达式。

◆ 三、循环的总结

到目前为止，我们已经学习了 Java 提供的 3 种最主要的循环结构，分别是 while 循环结构、do…while 循环结构和 for 循环结构。无论哪一种循环结构，都有 4 个必不可少的部分，即循环条件初始化部分、循环执行条件部分、循环体部分、循环条件改变部分，缺少了任一部分都可能造成严重的错误。下面从 3 个方面对这 3 种循环结构进行比较。

1. 语法不同

while 语句的语法如下。

```
while(循环条件){
循环操作;
}
```

do…while 语句的语法如下。

```
do {
   循环操作;
}while(循环条件);
```

for 语句的语法如下。

```
for(表达式 1;表达式 2;表达式 3) {
循环操作;
}
```

2. 执行流程不同

while 循环结构：先进行条件判断，再执行循环操作。如果条件不成立，则退出循环结构。

do…while 循环结构：先执行循环操作，再进行条件判断，循环操作至少被执行一次。

for 循环结构：先执行初始化部分，再进行循环条件判断，然后执行循环操作，最后进行迭代部分的计算,判断循环条件时,如果循环条件不成立,则跳出循环结构。

3. 使用情况不同

在解决问题时,对于循环条件次数确定的情况,使用 for 循环结构会比较简洁且更加方便。对于循环次数不确定的情况,通常使用 while 循环结构和 do…while 循环结构。

任务 2 掌握跳转语句的使用

在执行循环操作的过程中,只有在循环条件不成立的情况下,才可以退出循环操作的执行。例如沿着运动场跑 5 圈,可以将该过程视为一个循环,只有在跑完 5 圈之后才可以终止循环。但在实际情况中,由于个人的身体素质等问题,会出现还未完成任务就需要终止循环的情况。在程序执行过程中同样如此,有时需要根据需求终止循环或进入下一次循环,有时需要从程序的一个部分跳转至程序的其他部分,此时,可以使用跳转语句来实现。Java 支持 3 种形式的跳转语句:break 语句、continue 语句和 return 语句。在循环结构中,常用的跳转语句有 break 语句和 continue 语句。

◆ 一、break 语句

break 语句作为中断处理语句,只能用在 while 循环结构、do…while 循环结构、for 循环结构以及 switch 选择结构中,用于中断当前结构的执行。break 语句通常和条件语句一同使用。当满足一定的条件时,break 语句使程序立即退出当前语句结构,转而执行该语句结构之后的语句。

break 语句的语法如下。

```
break;
```

在 Java 中,switch 选择结构的每一个 case 项都可以使用 break 语句结束。当程序执行到 break 语句时,退出当前所在的 switch 选择结构。break 语句也可在循环结构中使用,用于跳出循环,即提前结束循环。

break 语句的跳转位置如图 7.5 所示。

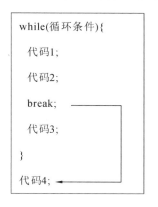
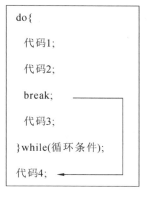
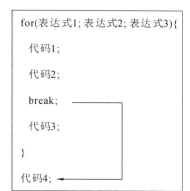

图 7.5 break 语句的跳转位置

编写 Java 程序,输入一个数字,判断该数字是否为质数。

只能被 1 和其本身整除的数字,称为质数。判断一个数字 n 是否为质数,需要判断该数

字能否被 2,3,4,…,n-1 整除,若不能被这些数字整除,则数字 n 为质数,否则数字 n 不为
质数。循环次数明确,可以使用 for 语句实现,在进行整除判断的过程中,若存在可以整除 n
的数字,则终止循环,此时,可证明该数字 n 不是质数,见例 7.4。

【例 7.4】

```java
package com.xxx.chapter7;
import java.util.Scanner;
public class Prime {
    public static void main(String[] args) {
        Scanner input=new Scanner(System.in);
        System.out.println("请输入一个数字:");
        int num=input.nextInt();
        boolean flag=true;
        //验证是否为质数
        for (int i=2;i<num;i++) {
            if (num%i==0) {
                flag=false;
                break;
            }
        }
        //输出结果
        if (flag==true)
            System.out.printf("%d为质数",num);
        else
            System.out.printf("%d为非质数",num);
    }
}
```

例 7.4 的程序运行结果如图 7.6 所示。

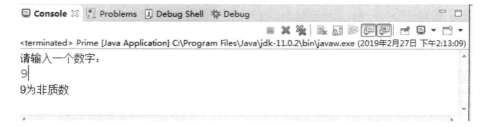

图 7.6　例 7.4 的程序运行结果

◆　二、continue 语句

continue 语句只能用于循环结构中,通常和条件语句一同使用。当满足一定的条件时,
continue 语句终止本次循环,跳转至下一次循环。

continue 语句的语法如下。

```
continue;
```

◀ break 跳转语句的使用

在循环结构中,当执行至 continue 语句时,程序将跳过循环操作中位于 continue 语句之后语句的执行,提前结束本次循环,进行下一次循环,即 continue 语句用于加速循环操作的执行。

continue 语句的跳转位置如图 7.7 所示。

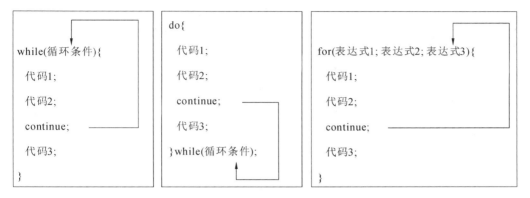

图 7.7 continue 语句的跳转位置

由图 7.7 可知:

(1) 在 while 循环结构和 do…while 循环结构中,continue 语句使程序跳转至循环条件。

(2) 在 for 循环结构中,continue 语句使程序跳转至表达式 3,改变循环控制变量的值后再进行表达式 2 的判断。

编写 Java 程序,输出 1~10 闭区间内的所有正整数,3 的倍数除外,见例 7.5。

【例 7.5】

```java
package com.xxx.chapter7;
public class Filter {
    public static void main(String[] args) {
        for (int i=1;i<=10;i++) {
            if (i%3==0)
                continue;  //跳过其后的语句,直接进入下一次循环
            System.out.println(i);
        }
    }
}
```

例 7.5 的程序运行结果如图 7.8 所示。

图 7.8 例 7.5 的程序运行结果

三、break 语句与 continue 语句的区别

break 语句可以在循环结构中使用，用于结束循环操作的执行；continue 语句只能在循环结构中使用，用于结束本次循环，进入下一次循环。

分析例 7.6，比较 break 语句和 continue 语句在程序中的不同作用。

编写一个程序，对用户输入的数据进行处理，若输入的数据为 0，则结束循环；若输入的数据为负整数，则不做任何处理；若输入的数据为正整数，则输出该数据，见例 7.6。

【例 7.6】

```
package com.xxx.chapter7;
import java.util.Scanner;
public class Numbers {
    public static void main(String[] args) {
        Scanner input=new Scanner(System.in);
        int num;
        while (true) {
            System.out.println("请输入一个整数:");
            num=input.nextInt();
            //判断输入的数据
            if (num==0) {
                break;
            } else if (num<0) {
                continue;
            } else {
                System.out.println("输入的数字:"+num);
            }
        }

    }
}
```

例 7.6 的程序运行结果如图 7.9 所示。

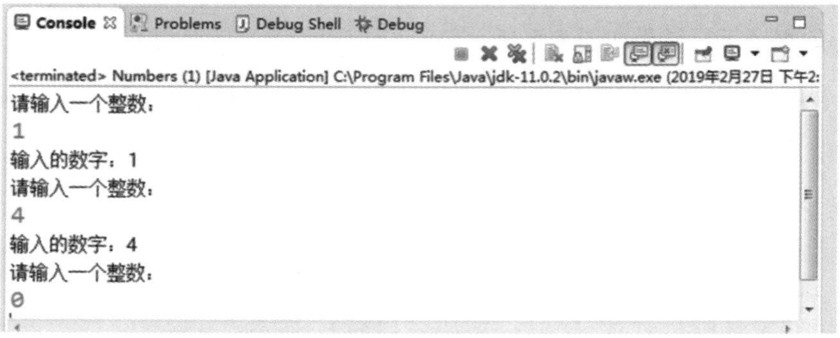
Console
Problems
Debug Shell
Debug
<terminated> Numbers (1) [Java Application] C:\Program Files\Java\jdk-11.0.2\bin\javaw.exe (2019年2月27日 下午2:
请输入一个整数:
1
输入的数字: 1
请输入一个整数:
4
输入的数字: 4
请输入一个整数:
0

图 7.9　例 7.6 的程序运行结果

◀ continue 语句

任务3 程序调试进阶

在使用循环结构的过程中,由于重复操作比较多、流程较为复杂,难免会出现漏洞,这就需要我们调试程序,以解决程序中的问题。我们之前学习过程序调试,知道程序调试的步骤为:① 设置断点;② 单步执行;③ 观察程序流程与变量中的值是否正确;④ 修改程序。

下面,我们以求 1～5 闭区间内的整数和为例来讲解程序调试技巧,见例 7.7。

【例 7.7】

```java
package com.xxx.chapter7;
public class DebugDemo {
    public static void main(String[] args) {
        int sum= 0;   //存储相加的和
        for(int i=1;i<5;i++) {   //循环累加
            sum+=i;
        }
        System.out.println("1~5 的和为:"+sum);
    }
}
```

例 7.7 的程序运行结果如图 7.10 所示。

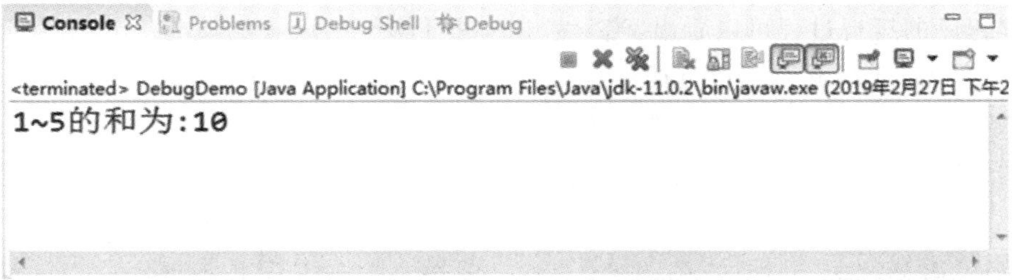

图 7.10 求和的程序运行结果

由例 7.7 的程序运行结果可以发现,结果为 10,而 1 至 5 闭区间内的整数和应该为 15。在程序编译没有错误时,我们可以通过程序调试来观察程序运行的情况,解决程序问题。步骤如下。

(1) 设置断点,如图 7.11 所示,启动程序调试。

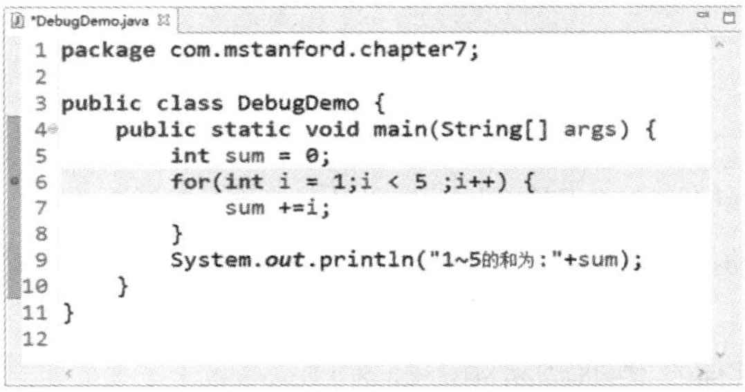

图 7.11 设置断点

(2) 启动程序调试,单步执行程序,如图 7.12 所示。

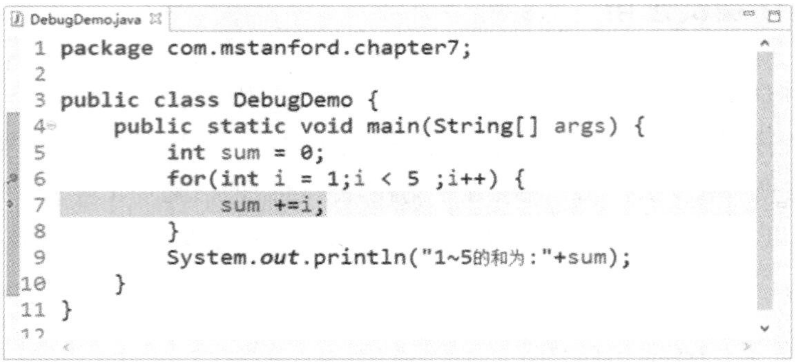

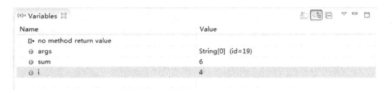

DebugDemo.java
package com.mstanford.chapter7;
public class DebugDemo {
public static void main(String[] args) {
int sum = 0;
for(int i = 1;i < 5 ;i++) {
sum +=i;
}
System.out.println("1~5的和为:"+sum);
}
}

图 7.12　单步执行程序

(3) 观察变量中的值,如图 7.13 所示。

Variables
Name
Value
no method return value
args
String[0] (id=19)
sum
6
i
4

图 7.13　观察变量中的值

(4) 分析问题,修改程序。

观察程序的运行过程可以看出,当 i 为 4 时,执行 i++后,i 的值为 5,当 i 为 5 时,i<5 不成立,结果为 false,此时不执行循环操作,所以当 i 为 5 时未将 i 累加到 sum 中。通过分析可知,条件应该更改为 i<=5。修改程序后,程序运行正确。

在初学循环时,我们一定要经常调试程序,找出程序中的逻辑错误,然后排除程序中的错误。

上机任务7

阶段 1　商品统计

1. 指导部分

1) 实践内容

(1) switch 语句。

(2) for 语句。

2) 需求说明

循环录入 10 件商品的信息,分别统计各类商品的总数,并输出各类商品的总数量。商品信息包括商品编号(4 位数)、商品名称、商品种类和商品价格。商品种类包括数码、食品、服装三大类。

3) 实现思路

(1) 定义变量,用以保存各类商品的统计数量。

(2) 输入 10 件商品的信息。

◀程序调试进阶讲解

（3）统计各类商品的数量。

（4）输出各类商品的总数量。

4）参考代码

```java
package com.xxx.chapter7;
import java.util.Scanner;
public class CommodityManage {
    public static void main(String[] args) {
        int digital=0, food=0, cloth=0; // 商品种类数量统计变量
        int no; // 商品编号
        String name; // 商品名称
        String category; // 商品种类
        double price; // 商品价格
        Scanner input=new Scanner(System.in);
        //输入并统计商品
        for (int i=0; i<10; i++) {
            System.out.print("请输入商品编号:");
            no=input.nextInt();
            System.out.print("请输入商品名称:");
            name=input.next();
            System.out.print("请输入商品种类:");
            category=input.next();
            System.out.print("请输入商品价格:");
            price=input.nextInt();
            switch (category) {
                case "数码":
                    digital++;
                    break;
                case "食品":
                    food++;
                    break;
                case "服装":
                    cloth++;
                    break;
            }
        }
        System.out.println("食品统计结果如下:");
        //输出数量统计结果
        System.out.println("商品种类\t 商品数量");
        System.out.println("数码\t"+digital);
        System.out.println("食品\t"+food);
        System.out.println("服装\t"+cloth);
    }
}
```

2. 练习部分

需求说明:购买商品后,需要进行购物结算,计算出购买商品的总金额,使用循环结构输入购买的商品的编号和价格,计算总金额。已购商品信息如表 7.2 所示。

表 7.2 已购商品信息

商品编号	商品名称	商品价格/元
1001	iPhone 6	4 800
1002	康师傅牛肉面	3
1003	阿尔卑斯糖	10
1004	联想鼠标	50
1005	安踏跑步鞋	260

 提示:

循环输入商品编号和商品价格,求和后输出购物总金额。

阶段 2 跳转语句的使用

1. 指导部分

1) 实践内容

(1) if 语句。

(2) for 语句。

(3) 跳转语句。

2) 需求说明

求 1~100 闭区间中不能被 5 或 7 整除的所有数字之和,使用 continue 语句实现流程跳转。

3) 实现思路

(1) 循环遍历 1~100 闭区间内的数字。

(2) 如果遍历到的数字能被 5 或 7 整除,则跳过该次循环,进行下一次循环,否则将该数累加到总和中。

(3) 输出求和结果。

4) 参考代码

参考代码如下。

```java
package com.xxx.chapter7;
public class Summation {
    public static void main(String[] args) {
        int sum=0;
        for(int i=1;i<=100;i++) {
            //如果能被 5 或 7 整除,则跳到下一次循环
            if(i%5==0||i%7==0) {
                continue;
            }
```

```
                sum+=i;
            }
            System.out.println("计算结果为:"+sum);
        }
    }
```

2. 练习部分

需求说明如下。

重构上一项目的登录功能,实现以下功能:输入登录账号和登录密码登录系统,当输入的次数超过 3 次后,系统将自动结束登录。

 提示:
使用 break 语句跳出循环。

 项目总结

- Java 中常见的循环结构包括 while 循环结构、do…while 循环结构和 for 循环结构。
- for 循环结构比 while 循环结构和 do…while 循环结构更加简洁,常用于循环次数固定的场合。
- for 语句中的表达式 1 称为初值表达式,用于为循环控制变量赋初值,通常为赋值表达式。
- for 语句中的表达式 2 称为条件表达式,用于判断循环条件是否成立,通常为关系表达式或逻辑表达式。
- for 语句中的表达式 3 称为修改表达式,用于修改循环控制变量的值,通常对循环控制变量进行自增操作或自减操作。
- for 语句的语法结构非常灵活,表达式 1、表达式 2 以及表达式 3 均可省略,甚至可以同时省略,但 3 个表达式之间的";"不能省略。
- break 语句可以在循环结构中使用,用于跳出循环,即提前结束循环。
- continue 语句只能在循环结构中使用,用于终止本次循环,并且跳转至下一次循环。

 习题7

一、选择题

1. break 语句的作用是(　　)。

A. 结束本次循环,进行下一次循环

B. break 语句被执行,循环操作中其后的其他语句都被执行,循环终止

C. break 语句被执行后,循环操作中其后的语句都将不被执行,循环直接终止

D. break 语句和 continue 语句的作用相同

2. continue 语句的作用是(　　)。

A. continue 语句被执行,循环操作中其后的其他语句都被执行,循环终止

B. 结束本次循环,进行下一次循环

C. continue 语句被执行,循环体中其后的语句都将不被执行,循环直接终止

D. break 语句和 continue 语句的作用相同

3.(多选)下列关于 for 语句的说法,错误的有(　　)。

A. for 语句中的 3 个表达式都可以省略

B. for 语句中表达式 2 的结果必须为 boolean 类型

C. for 语句中的表达式 3 不可以包含多个表达式

D. for 语句中表达式 2 的条件就算一开始不成立,循环操作也会被执行一次

4. 下述 Java 程序的运行结果是(　　)。

```java
public static void main(String [] args)
{
  int count=1;
  int sum=0;
  for(count<5;count++){
    sum+=count;
  }
  System.out.println(sum);
}
```

A. 1　　　　　　　　B. 4　　　　　　　　C. 5　　　　　　　　D. 10

5. 下述 Java 程序的运行结果是(　　)。

```java
public static void main(String [] args)
{
  int sum=0;
  for(int count=1;count<5;){
    if(count%2==0){
      sum+=count;
    }
    count++;
  }
  System.out.println(sum);
}
```

A. 1　　　　　　　　B. 4　　　　　　　　C. 6　　　　　　　　D. 10

二、简答题

1. Java 中的循环语句有哪些? 它们之间有什么区别?

2. Java 循环结构中的跳转语句有哪些? 它们之间有什么区别?

项目 8

指导学习:程序的基本结构

项目简介

通过对前几个项目的学习,我们对 Java 面向过程编程有了一定的认识,掌握了 Java 常用的数据类型、变量的使用以及各种运算符,同时也能够将变量与运算符组合成各种表达式。变量、运算符、表达式是编程的基础,通过变量存储程序中的数据,使用运算符操作数据,将变量与运算符组合成表达式进行计算求解。有了这些知识后,我们开始学习程序的结构,程序的结构主要有顺序结构、选择结构和循环结构。程序默认为顺序结构,按照语句顺序逐行执行代码;选择结构使得程序有了判断能力,根据条件选择执行代码;循环结构采用非常简单的语句解决了需要重复执行某些代码的问题。本项目我们将对前面学到的内容进行复习总结,对知识模块进行梳理,最后完成电子日历综合项目。

重点巩固内容
(1) 变量和数据类型。
(2) 运算符和表达式。
(3) 选择结构。
(4) 循环结构。
(5) 跳转语句。

重点实践目标

制作电子日历。

任务1 **重点复习**

◆ 一、变量和数据类型

在声明变量时,必须指定变量的数据类型,这样程序就会给变量分配相应的存储空间。在 Java 中,变量的使用分为以下三步。

(1)声明变量:根据所存储的数据类型为变量开辟存储空间。

```
数据类型 变量名;
```

(2)为变量赋值:将数据存储到变量中。

```
变量名=值;
```

(3)使用变量:使用变量中的值。

变量使用的代码如下。

```
int age;//声明变量
age=18;//为变量赋值
age=age+1;//使用变量
```

在 Java 中,一共有 8 种基本数据类型,如表 8.1 所示。

表 8.1 Java 中的基本数据类型

类 型	含 义	取 值 范 围
byte	占 1 个字节的整数	$-128 \sim 127$
int	整数	$-2^{31} \sim 2^{31}-1$
short	短整数	$-32\,768 \sim 32\,767$
long	长整数	$-2^{63} \sim 2^{63}-1$
float	单精度浮点数	$-3.4 \times 10^{-38} \sim 3.4 \times 10^{38}$
double	双精度浮点数	$-1.7 \times 10^{-308} \sim 1.7 \times 10^{308}$
char	字符	$0 \sim 65\,536$
boolean	表示布尔值	true 或 false

其中整数类型包括 byte、short、int、long,字符类型包括 char,浮点类型包括 float、double,布尔类型包括 boolean。

除了 8 中基本数据类型外,Java 中还有一种很常用的非基本数据类型,即字符串类型 String。

◆ 二、运算符和表达式

运算符用于指明对操作数的运算方式。组成表达式的 Java 运算符有很多种。按照其要求的操作数数目来分,运算符可以分为单目运算符、双目运算符和三目运算符,它们分别对应 1 个操作数、2 个操作数、3 个操作数。按功能,运算符可以分为赋值运算符、算术运算符、关系运算符、逻辑运算符等。

1. 赋值运算符

＝(赋值)、＋＝(相加后赋值,a＋＝b 等价于 a＝a＋b)、－＝(a－＝b 等价于 a＝a－b)、
＊＝(a＊＝b 等价于 a＝a＊b)、/＝(a/＝b 等价于 a＝a/b)、%＝(a%＝b 等价于 a＝a%b)、
&＝(a&＝b 等价于 a＝a&b)。

2. 算术运算符

单目:＋(取正)、－(取负)、＋＋(自增 1)、－－(自减 1)。

双目:＋、－、＊、/、%(取余)。

3. 关系运算符

＝＝(等于)、!＝(不等于)、>(大于)、<(小于)、>＝(大于或等于)、<＝(小于或等于)。

4. 逻辑运算符

&&(与)、||(或)、!(非)。

表达式由操作数、运算符、数字分组符号(括号)等组成,包含在 Java 程序的语句中。运算符的优先级决定了表达式中运算执行的先后顺序。例如,x<y&&!z 相当于(x<y)&&(!z)。我们在使用时没有必要去记忆运算符的优先级,在编写程序时可尽量使用括号实现想要的运算顺序,以免产生难以阅读或含糊不清的计算顺序。运算符的结合性决定了相同级别的运算符的执行顺序,如加、减的结合性是从左到右(如 8－5＋3 相当于(8－5)＋3)。逻辑运算符的结合性是从右到左,如!!x 相当于!(!x)。

◆ 三、选择结构

Java 提供了 3 种选择结构,分别是单分支结构、双分支结构和多分支结构。

1. 单分支结构

单分支结构使用 if 语句实现,语法如下。

```
if(条件表达式){
    代码块;
}
```

当条件表达式为 true 时,执行代码块中的语句,否则不执行代码块中的语句。

2. 双分支结构

双分支结构使用 if…else 语句实现,语法如下。

```
if(条件表达式){
    代码块 1;
} else {
    代码块 2;
}
```

当条件表达式为 true 时,执行代码块 1,否则执行代码块 2。

3. 多分支结构

多分支结构使用多重 if 语句和 switch 语句实现。多重 if 语句的语法如下。

```
if(条件表达式 1){
    代码块 1;
} else if(条件表达式 2) {
    代码块 2;
```

```
    } else {
        //代码块 3;
    }
```

多重 if 语句会根据条件的顺序进行顺序匹配,如果某个条件为 true,则执行相应代码块中的内容,不执行其他的代码块。

switch 语句可以实现多分支结构,语法如下。

```
switch(表达式){
    case 常量 1:
        代码块 1;
        break;
    case 常量 2:
        代码块 2;
        break;
    ...
    default:
        代码块 n;
        break;
}
```

使用 switch 语句时,首先计算"switch"关键字后小括号内表达式的值,表达式的值可以为整型、字符类型或字符串类型,计算完表达式的值后,依次与"case"关键字后的常量进行比较,如果相等则执行该 case 块中的语句,直到遇到 break 语句后跳出 switch 选择结构,执行其后的程序部分。

多重 if 语句和 switch 语句都可以实现多分支结构,但是多重 if 语句通常用于条件为连续的区间形式;而使用 switch 语句时,主要是将表达式的值与"case"关键字后的常量进行等值比较。在多分支且条件为等值比较的情况下,使用 switch 选择结构代替多重 if 选择结构会更简单,代码更易读且结构更清晰。

◆ 四、循环结构

在 Java 循环结构中,有 3 种常用的循环语句,即 while 语句、do…while 语句和 for 语句。循环结构通常由 4 个部分组成:循环条件初始化部分、循环执行条件部分、循环体部分和循环条件改变部分。

1. while 语句

while 语句的语法如下。

```
while(循环条件){
循环操作;
}
```

while 语句的执行流程是:先判断条件表达式的结果是否为 true,如果为 true,则执行循环操作,然后判断条件是否为 true;如果为 false,则不执行循环操作,执行循环结构后续的语句。

2. do…while 语句

do…while 语句的语法如下。

```
do {
循环操作;
}while (循环条件);
```

do…while 语句的执行流程是：先执行循环操作，然后判断循环条件，如果循环条件的结果为 true，则执行循环操作；如果循环条件的结果为 false，则跳出循环结构，执行其后续语句。

3. for 语句

for 语句的语法如下。

```
for(表达式;表达式 2;表达式 3) {
循环操作;
}
```

首先，执行初始化部分，其次判断循环条件是否成立，若循环条件的结果为真，则执行循环操作，之后执行迭代部分，改变循环控制变量，在迭代部分执行后，再判断循环条件是否成立，如此重复，直至循环条件的结果为假，结束 for 循环结构的执行，继续执行 for 循环结构之后的代码。

在循环结构中，如果想改变循环流程可以使用跳转语句 break 语句或 continue 语句。break 语句可以跳出循环结构，转向执行循环结构外的部分。continue 语句是终止本次循环，继续执行下一次循环。

任务 2　实践提升

一、需求分析

使用 Java 技术制作电子日历，需求为从控制台输入年份与月份后，控制台输出该月的日历信息。电子日历效果图如图 8.1 所示。

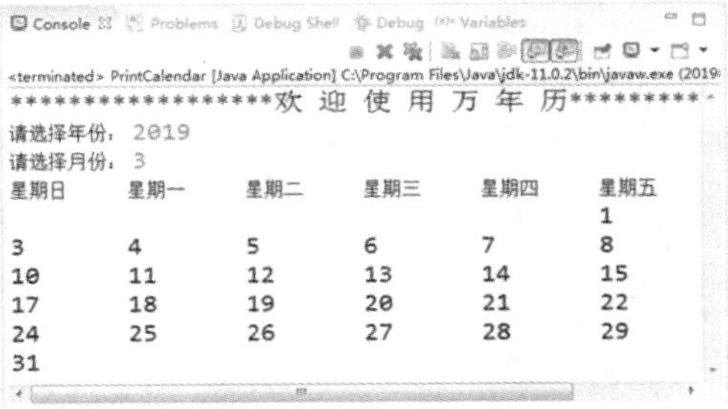

图 8.1　电子日历效果图

> 提示：
> 实现步骤如下。
> (1) 判断该年是否是闰年。
> (2) 计算该月的天数。
> (3) 计算出该月的第一天是星期几。
> (4) 格式化输出该月的日历。

◆ 二、阶段训练

任务 2.1：分析业务，从控制台接收年份和月份的数据，判断该年是否是闰年，计算该月有多少天。任务 2.1 的程序运行结果如图 8.2 所示。

图 8.2　项目 8 任务 2.1 的程序运行结果

> 提示：
>
> 判断闰年的条件为：能被 4 整除但不能被 100 整除，或者能被 400 整除。
> 闰年的 2 月有 29 天，平年的 2 月有 28 天；闰年和平年的 1 月、3 月、5 月、7 月、8 月、10 月、12 月均有 31 天；闰年和平年的 4 月、6 月、9 月、11 月有 30 天。

任务 2.2：计算输入的年份与月份距离 1900 年 1 月 1 日的总天数。例如，输入 2008 年 5 月，则总天数为 1900 年至 2008 年的天数与 2008 年 1 月至 4 月的天数的总和。

> 提示：
>
> （1）循环计算从 1900 年开始至输入年份结束（不包含输入年份）每年的天数（闰年为 366 天，平年为 365 天），并累加计算出输入年份之前的总天数。
> （2）循环计算输入年份中 1 月到输入月份（不包含输入月份）的总天数。

任务 2.3：计算输入月份的第一天是星期几。

> 提示：
>
> 以 1900 年 1 月 1 日星期一为基准进行推算，周一至周六使用数字 1~6 表示，周日使用数字 0 表示。

任务 2.4：格式化输出该月的日历。

> 提示：
>
> （1）该月的第一天是星期几，在其前面输出几个空格，使用"\t"进行格式控制。例如，该月的第一天为星期一，前面有一个制表符空格。
> （2）格式化输出日历的参考代码：

```
//输出日历标题
//循环输出第一行的空格部分
for(int nullNo=0;nullNo<firstDayOfMonth;nullNo++) {
        //输出制表符的空格

}
//输出该月的日期
for(int i=1;i<=days;i++){        //days 为当月的天数
        //输出当前日 i 并输出一个"\t"用以控制格式
        //判断当前日 i 是否为星期六，如果是星期六，则输出一个换行符"\n"

}
```

项目 9

类和对象

项目简介

在前面的项目中,我们讲解了编程的基础知识,包括程序的顺序结构、选择结构和循环结构以及面向过程的编程思想,能够使用面向过程的编程思想解决编程问题。但是 Java 是面向对象的编程语言,面向对象的编程思想符合人的思维方式,更便于模拟现实生活与解决问题,更利于编写复杂的程序与开发大型项目。本项目我们将讲解 Java 面向对象的编程中非常重要的概念——类和对象。本项目首先通过生活中的案例讲解类和对象的基本概念,然后讲解了在 Java 中如何定义类,通过类如何创建对象和使用对象。从面向过程编程过渡到面向对象编程,需要从思想上转变。编程思维的转变需要一个过程,在此过程中要多思考与练习。只有掌握了面向对象的编程思想,才能掌握 Java 语言的精髓。

学习目标

(1) 了解类和对象的概念。

(2) 掌握类和对象的使用。

上机任务

(1) 创建管理员和定义客户类。

(2) 使用管理员和客户对象。

1. 对象是_____。
2. 类是对象的_____,对象是类的_____。
3. 定义类使用关键字_____,类主要包含_____和_____。

任务 1 **了解类与对象的概念**

◆ 一、对象

现实世界中的所有事物都可以视为对象,如一辆自行车、一辆汽车、一本书、一个人、一个篮球等,即现实世界中切实的、可触及的实体都可以视为对象。对象在生活中随处可见,小到一粒沙子,大到一栋大厦,可以说,世界就是由一个个具体的对象所组成的。在面向对象编程的思想中,万物皆对象。

Java 语言是一门面向对象的编程语言。我们要学会用面向对象的编程思想来思考问题。面向对象(object-oriented,OO)编程思想的核心就是对象(object)。对象表示现实世界中的实体,因此,面向对象编程(OOP)能够很好地模拟现实世界,符合人们思考问题的方式,能更好地解决现实世界中的问题。下面分析一下身边的对象,如图 9.1 所示。

 姓名: 李小刚	 姓名: 王大明
年龄: 18 岁	年龄: 30 岁
年级: 大一	职业: 老师
体重: 58 kg	体重: 62 kg
行为: 听课 看书 做作业	行为: 讲课 编写程序 批阅作业

图 9.1 身边的对象

图 9.1 显示了 2 个对象——学生李小刚和老师王大明。通常,每一个对象都有其自身的特征。学生李小刚的特征如下。

姓名:李小刚。年龄:18 岁。年级:大一。体重:58 kg。

老师王大明的特征如下。

姓名:王大明。年龄:30 岁。职业:老师。体重:62 kg。

在面向对象的编程中,将对象所具有的特征称为属性。在通常情况下,不同的对象具有不同的属性或属性值。

对象还能执行某些操作或具备某些行为能力。例如,李小刚能执行的操作有听课、看书、做作业,王大明能执行的操作有讲课、编写程序、批阅作业。

对象能够执行的操作或具备的行为能力称为方法。例如,李小刚有听课、看书、做作业的方法。

每一个对象都具有自己的属性和方法。例如在路边睡觉的一条小狗,属性有品种、颜色、年龄等,方法有叫、吃、跑等。

二、抽象与类

通过前面的介绍我们了解到每一个具体事物都是对象。在众多具有相同属性和方法的对象中,我们可以提取事物的共性,对事物进行分门别类。例如,前面提到的学生李小刚是一个对象,在教室中还有像李小刚的同学,如张三、李四、王五等,通常将李小刚及与李小刚具有相同属性和方法的对象统称为学生。从提取事物的共性到进行模板设计的过程就是从对象抽象到类的过程。抽象也就是从具体事物中提取共性的过程。将抽象出来的属性和方法组织在一个单元中,我们将它称为类。

类是具有相同属性和方法的一组对象的集合。

多个对象所拥有的相同属性就称为类的属性。例如,每个学生都有姓名、年龄、体重等属性,这些就是学生类的属性。但是每一个对象的属性值又不相同,如张三和李四的体重值不同。对象具有的行为能力或能执行的操作称为类的方法。例如,每个学生都具有看书、学习的方法。

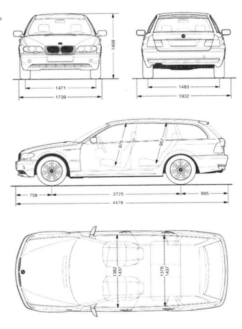

通过分析对象,进行抽象思考并提取出类,再以类为设计模板去创造更多的对象,是思维进化的过程。例如,在生产汽车前,首先会设计汽车模型,确定好汽车的相关属性与功能,如图 9.2 所示,然后通过设计出的汽车模型生产一辆辆具体的汽车。人们对于生产产品都会经过一个抽象分析、详细设计再到制造的过程。设计出类的目的,就是通过类去创建一个个具体的对象。类可以视为对象的模板,它的作用就是创建对象。

图 9.2 汽车模型图纸

三、类与对象的关系

了解类和对象的概念后可以发现,它们之间既有区别又有联系。简言之,类是一个抽象的概念模型,而对象是具体的事物。

从类的来源进行分析,类是具有相同属性和方法的所有对象的统称。对象就是类的一个实例,类和对象的示例如表 9.1 所示。

表 9.1　类和对象的示例

类	对　　象
人	阿里巴巴集团创始人马云
	腾讯公司 CEO 马化腾
汽车	学校停车场内的一辆奥迪 Q5
	正在飞驰的一辆奔驰轿车
动物	寝室楼下的一只小花猫
	草丛中的一只萨摩耶

从类的作用进行分析,类是对象的"模子"或"原型",用于创建对象。使用类创建出的对象都具有类的属性和方法,每个对象的属性值可能不同。月饼模子与月饼的示例如图 9.3 所示。

类与对象的关系如下:类是抽象的,对象是具体的;类是对象的"模子"或"原型",对象是类创建出的一个实例。在现实世界、大脑中的抽象世界和程序运行的计算机世界中,类与对象的关系如图 9.4 所示。

图 9.3　月饼模子与月饼的示例

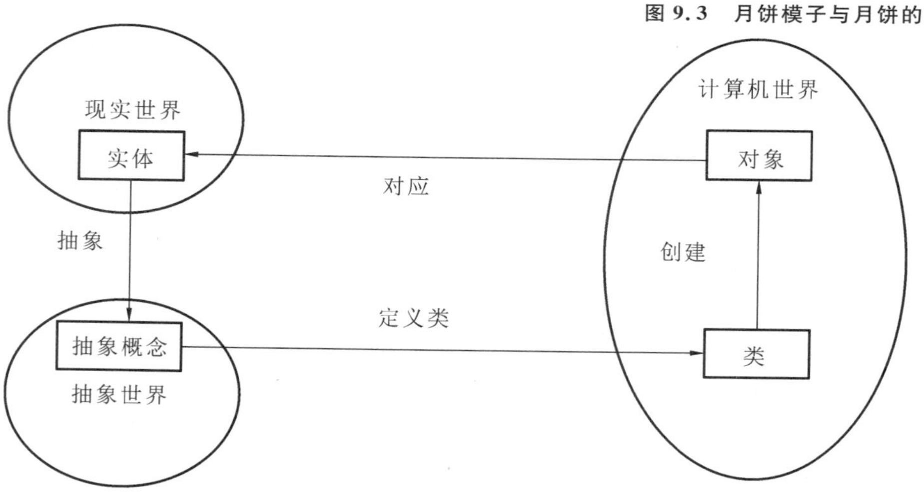

图 9.4　类与对象的关系

> **思考:**
> 下列描述中,哪些是类?哪些是对象?
> (1) 学校中的老师。
> (2) 学校中学号为 20180102001 的学生。
> (3) 903 路公交车。
> (4) 车牌为鄂 A6×××6 的 903 路公交车。

任务 2　掌握类和对象的使用

Java 语言是面向对象的编程语言,可以使用 Java 语言定义类。在 Java 语言中,类是程序的基本单元,所有的程序都是以类为组织单元的,类中主要包含属性和方法。

◆　一、类的定义

定义类的语法如下。

```
访问修饰符 class 类名 {
    类的属性;
    类的方法;
}
```

语法说明如下。

(1) 访问修饰符是对类的访问范围的一种限定。本书均使用"public"访问修饰符,表示公有。

(2) "class"为定义类的关键字。

(3) 类名也是 Java 中的标识符,必须满足标识符的命名规则。类名的命名规范中,要求类名首字母大写,且类名简洁并富有含义。

定义学生类见例 9.1。

【例 9.1】

```
public class Student{
    //学生的所有属性
    String name;        //姓名
    int age;            //年龄
    String classNo;     //班级
    //学习的方法
    public void study() {
        System.out.println("学习!");
    }
}
```

> **注意:**
> 程序要运行,必须有 main 方法,它是程序运行的入口。通常将 main 方法放在一个专门定义的启动类中,main 方法的格式要满足 Java 语言的语法规定。

◆　二、类中的成员

类中的主要成员为属性和方法。

1. 属性

属性用于表示类的特征,它是类的成员的一部分。在 Java 类的主体中定义变量,描述类所具有的特征(属性)。这些变量称为类的成员变量。例如:

```java
public class Teacher {
        String name;   //老师的姓名
        int age;   //老师的年龄
        String title;   //老师的职称
    }
```

2. 方法

通过在类中定义方法,描述类所具有的行为。这些方法称为类的成员方法。定义方法的语法如下。

```
访问修饰符 返回值类型 方法名(参数列表){
    方法体;
}
```

语法说明如下。

(1)访问修饰符用于限制方法被访问的范围。本书使用"public"修饰,表示可以公有的方法,可以在任何地方使用。

(2)返回值类型是方法执行完成后返回的结果的类型,如果没有返回值,则使用"void"表示。

(3)方法名必须遵守标识符的命名规则。通常使用有意义的方法名来描述方法的作用。方法名一般采用camel(骆驼)命名法。

(4)方法体为方法执行的代码,如果方法返回值类型不为void,则在方法体中一定要返回和方法返回值类型声明一致的值,返回结果的语法是"return 值;"。

> **说明:**
> 在Java中,定义类使用帕斯卡命名法,定义类的属性与方法使用骆驼命名法。
> 帕斯卡命名法:每一个单词的首字母都大写。例如,类名Student、Teacher。
> 骆驼命名法:第一个单词的首字母小写,后面每个单词的首字母大写。例如,方法名showInfo、变量名userName。

编写老师教学的方法和显示老师自己的信息的方法见例9.2。

【例9.2】

```java
public class Teacher{
    String name;   //老师的姓名
    int age;//老师的年龄
    String title;   //老师的职称
    //教学的方法
    public void work( ) {
        System.out.println(做项目);
    }
    //显示老师自己的信息
    public void showInfo() {
        System.out.printf("我是%s,年龄%d,职称为%s。",name,age,title);
    }
}
```

三、对象的使用

定义好 Teacher 类后,下面即可根据定义的模板创建对象。类的作用就是创建对象。由类生成对象,称为类的实例化过程。一个实例也就是一个对象,一个类可以生成多个对象。创建对象的语法如下。

```
类名 对象名=new 类名();
```

在创建类的对象时,需要使用 Java 的"new"关键字。例如,创建 Teacher 类的两个对象。

```
Teacher t1= new Teacher ();
Teacher t2= new Teacher ();
```

t1 和 t2 这两个对象的类型就是 Teacher 类。使用"new"关键字创建对象时,并未为数据成员赋值。考虑到每个对象的属性值可能是不一样的,在创建对象后,要对数据成员进行赋值。

在 Java 中引用对象的属性和方法,需要使用"."操作符。其中,对象名在圆点的左侧,属性名或方法名在圆点的右侧。

引用对象的属性和方法的语法如下。

```
对象名.属性;            //引用对象的属性
对象名.方法名();        //引用对象的方法
```

例如,创建 Engineer 类的对象后,即可为对象的属性赋值或调用方法,代码如下。

```
t1.name="艾边程";     //为 name 属性赋值
t1.showInfo();         //调用 showInfo()的方法
```

前文掌握了创建类的对象的方法,下面讲解创建和使用老师的对象,见例 9.3。

【例 9.3】

```
package com.xxx.chapter9;
public class InitialTeacher{
    public static void main(String[] args) {
        Teacher t1=new Teacher ();
        System.out.println("初始化变量前:");
        t1.showInfo();
        System.out.println("初始化变量…");
        t1.name="邓超超";
        t1.age=28;
        t1.title="中级软件老师";
        System.out.println("初始化变量后:");
        t1.showInfo();
    }
}
```

例 9.3 的程序运行结果如图 9.5 所示。

将 main 方法放置于 InitialTeacher 类中,作为程序的入口。虽然 main 方法可以放在任何一个类中,但此处将 main 方法放在了 InitialTeacher 类中,目的是使不同的类有不同的

图 9.5　例 9.3 的程序运行结果

含义。

在该例的 main 方法中,需要注意以下 3 点。

(1) 使用"new"关键字创建对象"t1"。

```
Teacher t1=new Teacher ();
```

(2) 使用"."操作符访问类的属性。

```
t1.name="邓超超";

t1.age=28;

t1.title="中级软件老师";
```

(3) 使用"."操作符访问类的方法。

```
t1.showInfo();
```

分析程序运行结果,由图 9.5 可知,在没有初始化成员变量时,String 类型的变量 name 和 title 的值为 null(空),而整型变量 age 的值为 0。这是因为在定义类时,如果没有为属性赋初值,Java 会给属性一个默认值,不同类型的属性(成员变量)有不同的默认值,如表 9.2 所示。

表 9.2　Java 成员变量的默认值

类　　　型	默　认　值
int	0
double	0.0
char	'\u0000'
boolean	false
String	null

◆　四、类是对象的类型

到目前为止,我们已经学习了多种数据类型,如整型(int)、双精度浮点型(double)、字符型(char)等。这些都是 Java 已经定义好的类型,编程时只需要用这些类型声明变量即可。

那么,如果想描述学生"艾边程",则他的类型就是学生 Student。从声明变量和创建对象角度来看,类就是对象的类型,如 Engineer 类是对象 engineer1 的类型。类这种类型需要我们在程序中自定义,我们将需要自定义的类型称为自定义类型。类就是自定义类型中的一种。

类和基本数据类型的使用对比如下：

```
double money;      //声明 double 类型的变量 money
Student student=new Student();//创建 Student 类的对象 student
```

> 注意：
>
> 在使用类创建对象时，必须先定义类，有些类是 JDK 已经定义好的，如 Scanner 类；而有些类需要我们在程序中自定义。总之，有了类后，才能使用类创建对象。

任务3 面向对象编程总结

◆ 一、面向对象的优点

通过对本项目的学习，我们了解了类和对象，也掌握了如何定义类、创建对象和使用对象。面向对象的编程思想更有利于开发大型程序，在编程中具有很多优点，具体总结如下。

（1）程序设计是模拟现实世界，帮助解决现实世界中的问题。面向对象的编程思想更符合人类的思维习惯。类是具有相同属性和方法的一组对象的抽象归类，由类创建出的对象与人们生活中的具体事物相对应。

（2）对象的属性和方法被封装在类中，使用者通过引用对象的属性和调用对象的方法来使用它们，不需要关注类的内部实现。例如，在例 9.3 中，使用之前定义的老师（Teacher）类中定义的属性与方法，类与对象的调用关系如图 9.6 所示。

图 9.6　类与对象的调用关系

（3）类可以视为对象的"模子"或"原型"。一次定义后就能创建多个对象，增加了重用性。例如，Teacher 类可以创建"张老师""刘老师""王老师"等对象。

面向对象编程还有很多优点，在以后的学习中，我们会逐渐接触到。相信通过不断的实践，大家会逐渐掌握面向对象编程的精髓。

◆ 二、数据类型总结

Java 中的数据类型主要分为以下两类。

1. 基本数据类型

在 Java 中包含 8 种基本数据类型：整型（int）、短整型（short）、长整型（long）、字节整数（byte）、字符型（char）、单精度浮点型（float）、双精度浮点型（double）和布尔类型（boolean）。

2. 引用数据类型

引用数据类型有字符串（String）类型，使用"class"关键字定义的类都属于引用数据类型。

> **说明:**
> String 类、Scanner 类都是 JDK 内定义好的类,可以直接使用。

 上机任务9

阶段 1　创建管理员和定义客户类

1. 指导部分

1) 实践内容

(1) 类的抽象。

(2) 类的定义。

2) 需求说明

定义管理员类(Admin 类),管理员类中的属性包括姓名、账号、密码、电话,方法包括登录、显示自己的信息。

3) 实现思路

(1) 分析类的属性及其变量类型。

(2) 分析类的方法和功能。

(3) 使用定义类的语法定义管理员类。

4) 参考代码

```java
package com.xxx.chapter9;
public class Admin {
    String name;   //姓名
    String id;        //账号
    String password;  //密码
    String phone;//电话
    //管理员登录
    public void login() {
        System.out.println("登录");
    }
    //显示自己的信息
    public void showInfo() {
        System.out.printf("我的姓名是:%s,账号为:%s,电话号码为:%s",name,id,
        phone);
    }
}
```

2. 练习部分

需求说明:定义客户类(Customer 类),客户类的属性包括姓名、年龄、电话、金钱数量、账号、密码,方法包括购买商品、付款、显示自己的信息。

提示：
方法中只需要输出用于描述该方法功能的文字即可。

阶段 2　使用管理员和客户对象

1. 指导部分

1）实践内容

（1）定义类的方法。

（2）创建对象。

（3）使用对象的属性与方法。

2）需求说明

重构管理员的登录方法，实现以下功能：将输入的登录账号和登录密码与管理员对象存储的登录账号和登录密码相比较，如果均一致则返回 true，否则返回 false，程序根据登录方法的返回值判断是否登录成功。

3）实现思路

（1）重新定义 login 方法。

（2）创建管理员对象，设置其属性值。

（3）调用 login 方法，实现登录功能。

4）参考代码

重构登录方法的参考代码如下。

```java
public boolean login() {
    boolean isAdmin=false;
    System.out.println("==========登录=========");
    Scanner input=new Scanner(System.in);
    System.out.println("请输入登录账号:");
    String inputID=input.next();
    System.out.println("请输入登录密码:");
    String inputPWD=input.next();
    isAdmin=inputID.equals(id)&&inputPWD.equals(password);
    return isAdmin;
}
```

创建管理员对象、调用登录方法的代码如下。

```java
public class TestLogin {
    public static void main(String[] args) {
        Admin admin=new Admin(); //创建管理员对象
        //为管理员对象赋值
        admin.name="管佳";
        admin.phone="13988886666";
        admin.id="admin";
        admin.password="123";
        //调用登录方法
```

```
boolean isAdmin=admin.login();
//判断登录是否成功
if(isAdmin) {
    System.out.println("登录成功!");
} else {
    System.out.println("登录失败!");
}
}
}
```

2. 练习部分

需求说明:使用客户类创建两个客户对象,并为这两个客户对象的属性赋值,赋值后调用各自的显示对象信息的方法。

> 提示:
> 使用"new"关键字创建对象,使用"."操作符引用对象的属性或调用对象的方法。

 项目总结

● 对象是具体的实体,具有特征(属性)和行为(方法)。

● 类是具有相同属性和方法的一组对象的集合,对象或实体所拥有的特征在类中称为属性,对象能够执行的操作或具备的行为能力称为类的方法。

● 类是抽象的,对象是具体的。

● 类是对象的类型,可以将类作为"模子"或"原型"创建对象;对象是类的实例,具有类所规定的属性和方法。

● Java 中使用"class"关键字定义类。

● 使用对象的步骤如下。

(1) 定义类:使用关键字"class"。

(2) 创建对象:使用关键字"new"。

(3) 使用对象的属性或调用对象的方法:使用操作符"."。

 习题9

一、选择题

1.(多选)(   )是拥有属性和方法的实体。

A. 对象　　　　　　　B. 类　　　　　　　C. 方法　　　　　　　D. 类的实例

2. 下列关于类和对象的描述,不正确的是(   )。

A. 对象是类的实例　　　　　　　　　B. 实例化对象时需要使用关键字"new"

C. 对象是类的具体体现　　　　　　　D. 对象是类的"模子"或"原型"

3.下列关于类的说法,不正确的是(　　)。

A.在 Java 中,类中包含属性和方法

B.使用"new"关键字定义类

C.类是抽象的概念,不能直接使用

D.通过类创建的对象将拥有类中的属性与方法

4.假设 Car 类中包含属性 color,下列使用对象正确的是(　　)。

A. Car myCar=new Car();
　myCar.color="白色";

B. Car car;
　car.color="白色";

C. Car myCar=new Car;
　myCar.color="白色";

D. Car myCar=new Car();
　color="白色";

5.下列在 Car 类中定义方法,正确的是(　　)。

A. public class drive() {
　　System.out.println("驱动!");
　}

B. public int drive() {
　　System.out.println("驱动!");
　}

C. public void drive() {
　　System.out.println("驱动!");
　}

D. public drive() {
　　System.out.println("驱动!");
　}

二、简答题

1.类和对象有哪些区别和联系?

2.定义类的语法是什么? 如何创建和使用对象?

项目简介

在上一项目中我们学习了面向对象编程的基础知识,理解了类和对象的基本概念,掌握了类的定义、对象的创建与使用。类的组成部分是属性和方法。属性是类的特征,在程序中通过变量来表示。方法表示类的某个功能或行为。方法的定义必须符合 Java 中方法定义的语法规则。在程序中方法封装了一段 Java 代码用以实现特定的功能或行为。方法的定义和使用非常灵活,在上一项目中我们主要讲解了方法定义的基本语法,以及如何调用方法。本项目将在上一项目的基础上,将方法按照返回值类型与有无参数进行分类,对各种方法的定义与调用进行详细讲解,加深大家对方法使用的理解。本项目还讲解了 toString()方法以及它在调用时与其他方法的不同之处。

学习目标

(1)了解方法的概念。

(2)掌握无参数方法的使用。

(3)掌握带参数方法的使用。

(4)掌握变量的作用域。

上机任务

(1)使用方法封装登录菜单和登录后的主菜单。

(2)模拟计算器。

课前预习思考10

1.方法通过_____关键字返回结果。如果方法没有返回值,则使用_____关键字作为返回值类型。

2.方法的形式参数是_____,实际参数是_____。

3.变量按照作用域可分为_____和_____,它们之间的区别是_____
_____,_____。

任务 1　了解方法的概念

◆ 一、方法概述

类中的方法是指类能够执行的操作或具备的行为能力,如鸟有飞翔、捉虫的方法,计算器有加、减、乘、除运算的方法。在 Java 中定义方法的语法如下。

```
访问修饰符 返回值类型 方法名(参数列表) {
方法体;
}
```

在定义方法时,需要注意以下几点。

(1) 访问修饰符:限制方法被访问的范围,可以是 public、protected、private,甚至可以省略,其中 public 表示该方法可以被其他任何代码调用。本书以 public 为例来讲解方法。

(2) 返回值类型:方法返回值的类型,如果方法不返回任何值,则返回值类型指定为 void;如果方法具有返回值,则需要指定返回值类型,并且在方法体中使用 return 语句返回值。

(3) 方法名:所定义的方法的名称,必须使用合法的标识符。

(4) 参数列表:传递给方法的参数列表,参数可以有多个,多个参数间以逗号隔开,每个参数由参数类型和参数名组成,以空格隔开。

◆ 二、方法的调用

方法定义完成后,可以由本类中的其他方法调用,也可以被其他类的方法调用。方法在本类中的调用语法如下。

```
方法名(实际参数列表);
```

一个类调用另一个类的方法时,需要先创建被调用的方法所在类的对象,然后通过以下语法调用。

```
对象名.方法名(实际参数列表);
```

方法按照是否有返回值和是否有参数,可以分为以下四种。

(1) 无参数、无返回值的方法。

（2）无参数、有返回值的方法。

（3）有参数、无返回值的方法。

（4）有参数、有返回值的方法。

下面，对这四种方法进行详细介绍。

任务 2　掌握无参数方法的使用

◆ 一、无参数、无返回值的方法

没有参数也没有返回值的方法称为无参数、无返回值的方法。它的声明格式如下。

```
public void 方法名(){
    方法体；
}
```

当方法没有返回值时，方法的返回值类型为 void，表示方法执行完后不返回值。

编写一个方法输出系统的主菜单见例 10.1。

【例 10.1】

菜单类：

```
public class MainMenu {
    //显示主菜单的方法
    public void showMenu() {
        System.out.println("1.开始游戏");
        System.out.println("2.游戏设置");
        System.out.println("3.游戏帮助");
        System.out.println("4.退出游戏");
    }
}
```

测试类：

```
public class TestMenu {
    public static void main(String[] args) {
        MainMenu menu=new MainMenu(); //创建菜单类
        menu.showMenu();    //调用显示菜单的方法
    }
}
```

程序运行后输出的结果如图 10.1 所示。

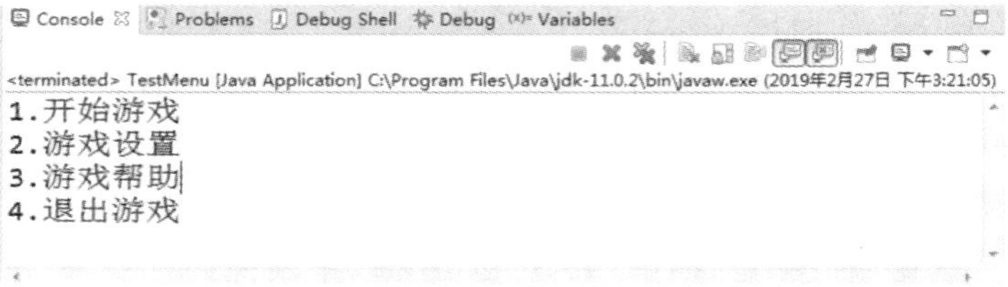

图 10.1　例 10.1 的程序运行结果

例 10.1 定义了 MainMenu 类。在该类中，定义了一个 showMenu 的方法，在定义类时并非一定要有属性或一定要有方法，具体根据实际的需求而定。调用该方法时，必须先创建该类的对象，然后通过"对象名.方法名()"的语法格式调用方法。

◆ 二、无参数、有返回值的方法

没有参数但方法执行完成后返回一个结果的方法称为无参数、有返回值的方法。它的声明格式如下。

```
public 返回值类型 方法名() {
    方法体;
    return 返回值;
}
```

当方法有返回值时，通过 return 语句返回结果，该结果的类型即为返回值类型。使用 return 返回值的语法如下。

```
return 表达式;
```

调用有返回值的方法时，为了获取方法返回的结果，通常使用变量接收方法执行完后返回的值。语法格式如下。

```
变量=对象名.方法名();
```

其中，在方法体中必须通过"return"关键字返回结果，方法声明中的返回值类型要与方法体中的返回值类型一致。

在学生类中编写一个考试的方法并返回考试成绩见例 10.2。

【例 10.2】

学生类：

```
public class Student {
    String name;   //姓名
    int age;       //年龄
    //返回考试成绩的方法
    public int test() {
        System.out.println("考试...");
        int score=90;
        return score;
    }
}
```

测试类：

```
public class Test {
    public static void main(String[] args) {
        Student axy=new Student();   //创建学生对象
        axy.name="李小刚";            //为对象的 name 属性赋值
        int score=axy.test();         //调用学生考试的方法,并接收方法返回的值
        System.out.println(axy.name+"的考试成绩为:"+score);   //输出考试结果
    }
}
```

例 10.2 的程序运行结果如图 10.2 所示。

图 10.2　例 10.2 的程序运行结果

在例 10.2 中,学生类(Student 类)中定义了考试方法(test),该方法返回 int 类型的值。声明该方法时,返回值类型也要为 int 类型。在调用 test 方法时,需要使用了 int 类型的变量 score 接收该方法的返回值,即将返回值存储在变量中,以便再次使用。

在执行有返回值的方法时,遇到 return 语句时,方法调用结束。

任务3　掌握带参数方法的使用

◆　一、带参数的方法概述

类的方法是一个功能模块,作用是执行某个功能。例如,榨汁机有榨汁的功能。在使用榨汁功能时,首先要放入水果,如果放入苹果,则可以榨出苹果汁;如果放入草莓,则可以榨出草莓汁。再例如,计算器有计算两个数之和的功能,首先要将两个数传入计算方法中,然后使用计算方法进行计算,最后返回计算结果。类似于此类的方法,称为有参数的方法。该计算方法在定义时需要设计好参数的入口,以便在调用时将给定参数传入方法中,然后使用参数。

带参数的方法的语法如下。

```
访问修饰符 返回值类型 方法名 (参数列表) {
        方法体;
}
```

其中,参数列表是之前没有使用过的。定义方法时,参数列表的格式如下。

```
数据类型 参数 1,数据类型 参数 2,…,数据类型 参数 n
```

其中 n≥0。

如果 n=0,代表没有参数,此时的方法就是之前讲解的无参数的方法。

调用带参数的方法时,语法如下。

```
对象名.方法名 (参数 1,参数 2,…,参数 n)
```

在定义方法时,通常参数列表中声明的参数称为形式参数,简称形参;在调用方法时,传入方法中的参数称为实际参数,简称实参。

榨汁机的实例见例 10.3。

【例 10.3】

榨汁机类:

```
public class Juicer {
    //榨汁的方法
    public void juice(String fruit) {
```

形式参数

```
        System.out.println("榨出一杯"+fruit+"汁");
        }
    }
```

测试类：

```
public class TestJuicer {
    public static void main(String[] args) {
    Juicer juicer= new Juicer();
    juicer.juice("苹果");
    }
}
```

实际参数

例 10.3 的程序运行结果如图 10.3 所示。

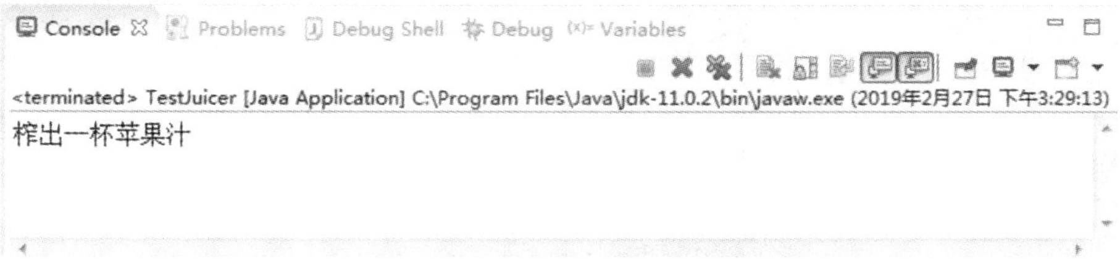

```
Console ✕  Problems  Debug Shell  Debug  (x)= Variables
                    ■ ✕ ✕ | ▣ ▣ ▣ ▣ | ▱ ▤ ▾ ▯ ▾
<terminated> TestJuicer [Java Application] C:\Program Files\Java\jdk-11.0.2\bin\javaw.exe (2019年2月27日 下午3:29:13)
榨出一杯苹果汁
```

图 10.3　例 10.3 的程序运行结果

在例 10.3 中，榨汁机类（Juicer 类）中定义了方法 juice。该方法为带参数的方法，参数接收的类型为 String 类型。在测试类中调用该方法时，将"苹果"传入 juice 方法中，方法输出"榨出一杯苹果汁"。

◆ **二、有参数、无返回值的方法**

定义有参数、无返回值的方法的格式如下。

```
public void 方法名(参数类型 参数名 1,…,参数类型 参数名 2) {
    方法体；
}
```

在其他类中，调用有参数方法的格式如下。

```
对象名.方法名(实际参数 1,…,实际参数 n);
```

定义一个银行卡类，并定义实现存款与查询余额的方法见例 10.4。

【例 10.4】

银行卡类：

```
public class Card {
    String cardNO; //卡号
    int balance;   //余额
    //显示余额
    public void show() {
        System.out.println("卡号:"+cardNO+"中的余额为:"+balance);
    }
    //存款
```

带参数的方法的使用 ▶

```
        public void deposit(int money) {
            System.out.println("存入金额:"+money);
            balance+=money;//余额增加
            show();//显示余额
        }
    }
```

> 在类中调用自己的其他方法时，无须创建对象，可直接调用

测试类：

```
    public class BankTest {
        public static void main(String[] args) {
            Card card=new Card();    //创建对象
            card.cardNO="622288888888"; //为卡号赋值
            card.deposit(1000);   //存款
        }
    }
```

> 调用方法时，传入实际参数值

例 10.4 的程序运行结果如图 10.4 所示。

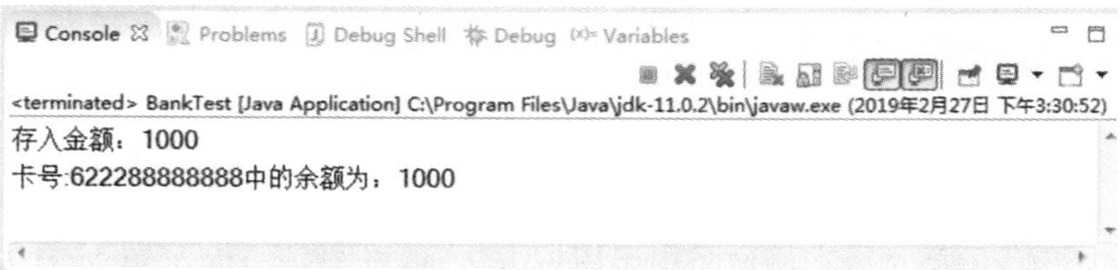

Console ⚏ 🔣 Problems 🗓 Debug Shell ⚙ Debug (x)= Variables

<terminated> BankTest [Java Application] C:\Program Files\Java\jdk-11.0.2\bin\javaw.exe (2019年2月27日 下午3:30:52)

存入金额：1000
卡号:622288888888中的余额为：1000

图 10.4 例 10.4 的程序运行结果

在例 10.4 中，银行卡类（Card 类）中定义了存款的方法。该方法有一个形式参数 money，用以接收从外部传入的实际参数值。在该方法中还调用了自己的显示余额的方法。在类中调用自己的方法无须创建对象，直接调用即可。

◆ 三、有参数、有返回值的方法

定义有参数、有返回值的方法的格式如下。

```
    public 返回值类型 方法名(参数类型 参数名 1,…,参数类型 参数名 n) {
        方法体;//在方法体中需要通过 return 语句返回结果
    }
```

调用该类方法时，需要使用变量接收该方法返回的结果，格式如下。

```
    变量=对象名.方法名(实际参数 1,…,实际参数 n);
```

定义一个计算器类，并定义计算两个数之和的方法，在另一个类中借助求和方法求其平均值，见例 10.5。

【例 10.5】

计算器类：

```
    public class Calculator {
        //计算两个数的和
        public int add(int num1,int num2) {
```

◀ 有参数、无返回值的方法的使用

```
                return num1+num2;
        }
    }
```

测试类:求平均值。

```
    public class TestCalculator {
        public static void main(String[] args) {
            Calculator calc=new Calculator();
            int num1=77.0, num2=58.0;
            int sum=calc.add(num1,num2);        //调用方求和
            System.out.println(num1+"和"+num2+"的平均值为:"+ (sum/2.0));//输出平均值
        }
    }
```

例 10.5 的程序运行结果如图 10.5 所示。

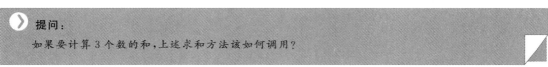

77.0和58.0的平均值为: 67.5

图 10.5　例 10.5 的程序运行结果

在例 10.5 中,在测试类中,计算出两个数的和后,将和保存在 sum 变量中,方便后续求平均值。

> **提问:**
> 如果要计算 3 个数的和,上述求和方法该如何调用?

任务 4　掌握变量的作用域

◆　一、变量的作用域概述

Java 中使用类组织程序。类中可以定义成员变量和成员方法。在类的方法中,同样可以定义变量。在不同的位置定义的变量有不同的作用域,如图 10.6 所示。

类中定义的属性变量也称为类的成员变量,如图 10.6 中的数据类型变量 1 和数据类型变量 2;在方法中定义的变量称为局部变量,如图 10.6 中的数据类型变量 3 和数据类型变量 4。在使用时,成员变量和局部变量具有不同的使用权限。

(1)成员变量:作用域在类中,在类的所有方法内都可以直接使用成员变量。如果其他类的方法需要访问该成员变量,必须先创建该类的对象,然后才能通过操作符"·"来使用。

(2)局部变量:作用域仅在定义该变量的方法内,因此只能在定义它的方法内使用。

除作用域不同外,成员变量和局部变量的初值也不同。

有参数、有返回值的方法的使用 ▶

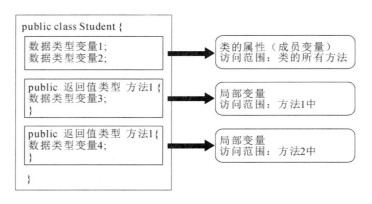

图 10.6　变量的作用域

（1）成员变量：如果在类定义中没有为其赋初值，Java 会为其赋一个默认的初值。

（2）局部变量：Java 不会自动为局部变量赋初值，在使用局部变量之前，必须为其赋值，然后才能使用。

◆　二、变量的作用域错用举例

在编程过程中，常常会遇到变量的作用域错误的情况。常见的错误代码如下。

1. 误用局部变量

```
public class Test {
    int score1=80;
    int score2=90;
    //计算平均分
    public void calcAvg() {                    成员变量可以
        int avg= (score1+score2)/2;            在类的所有方
                                                法中直接使用
    }
    //显示平均分
    public void showAvg() {                    在其他方法中定义
                                                的局部变量avg不能
        System.out.println("平均分是:"+avg);    在该方法中使用
    }
}
```

错误解释：在 showAvg 方法中使用了局部变量 avg，此变量在该方法中是无法使用的，因为 avg 是在 calcAvg 方法中定义的变量，为局部变量，作用域仅在 calcAvg 方法内。

排错方式：如果要使用 calcAvg 方法中变量 avg 的值，可以将 avg 的值通过方法返回。只要将 calcAvg 的方法更改为有返回值的方法，然后在 showAvg 中调用 calcAvg 的方法获得其返回的平均值即可。

2. 误用代码块中的局部变量

```
public class VariableDomain1(){
    public static void main(String [] args) {
        for(int i=1;i<10;i++) {
```

```
            i++;
        }
                              无法解析i
        System.out.println(i);
    }
}
```

错误解释:在 for 代码块中定义的变量 i 在该代码块外是无法识别的,它的作用域只在定义它的代码块中。

排错方式:将变量 i 的定义放置于 for 代码块外、main 方法内,这样就能在方法内的其他地方访问该变量了。

 上机任务10

阶段 1　使用方法封装登录菜单和登录后的主菜单

1. 指导部分

1) 实践内容

(1) 类的定义。

(2) 无参数的方法。

2) 需求说明

定义菜单类,在菜单中封装登录菜单和登录后的主菜单。

3) 实现思路

(1) 定义类。

(2) 定义显示登录菜单和主菜单的方法。

(3) 编写方法体。

4) 参考代码

```java
public class Menu {
    //显示登录菜单
    public int loginMenu() {
        Scanner input=new Scanner(System.in);
        int choose=0;
        System.out.println("*******************************");
        System.out.println("\t1.系统登录");
        System.out.println("\t2.退出系统");
        System.out.println("*******************************");
        System.out.print("请输入选项:");
        return choose=input.nextInt();
    }
    //显示主菜单
    public int mainMenu() {
        Scanner input=new Scanner(System.in);
        int choose=0;
        System.out.println("\t 欢迎进入电子商务系统");
```

```
System.out.println("*****************************");
System.out.println("\t1.查看商品");
System.out.println("\t2.我的购物车");
System.out.println("\t3.购物结算");
System.out.println("\t4.注销");
System.out.println("*****************************");
System.out.print("请输入选项:");
return choose=input.nextInt();
    }
}
```

2. 练习部分

需求说明:重构上一项目的 Admin 类,为 id 和 password 属性赋初值。编写 Shopping 类,将 main 方法放在该类中,测试登录功能。登录效果图如图 10.7 所示。

图 10.7 登录效果图

阶段 2   模拟计算器

1. 指导部分

1) 实践内容

(1) 带参数方法的定义。

(2) 带参数方法的使用。

2) 需求说明

定义一个计算器类,并定义计算器类中加、减、乘、除的运算方法,每个方法能够接收两个参数,且能将运算结果返回。

3) 实现思路

(1) 定义计算器类。

(2) 定义计算器类中加、减、乘、除的运算方法。

(3) 定义测试类,进行四则运算。

4) 参考代码

```java
public class Calculator {
    //计算两个数的和
    public double add(double num1,double num2) {
    return num1+num2;
    }
    //计算两个数的差
    public double subtraction(double num1,double num2) {
        return num1-num2;
    }
    //计算两个数的积
    public double multiply(double num1,double num2) {
        return num1*num2;
    }
    //计算两个数的商
    public double divide(double num1,double num2) {
        return num1/num2;
    }
}
```

2. 练习部分

需求说明:在计算器类中添加求两个数中的较大值的方法和求两个数的平均值的方法;在求平均值的方法中,要求调用计算器类的求和方法。

 提示:

在类中调用自己的方法无须创建对象,直接通过方法名调用即可。

 项目总结

● 定义方法要确定访问修饰符、返回值类型、方法名和参数列表。

● 定义有返回值的方法时,方法体中必须有 return 语句,通过 return 语句返回方法执行后的结果。

● 方法的参数分为形式参数与实际参数,形式参数是方法定义时在参数列表中声明的参数,实际参数是调用方法时传给形式参数的值。

● 类中的变量分为成员变量和局部变量,成员变量是类的属性,局部变量是指在方法中或方法代码块中定义的变量。

● 成员变量与局部变量的作用域不同,成员变量能在类的所有方法中使用,局部变量只能在声明它的方法中或声明它的方法代码块中使用。

习题10

一、选择题

1.(多选)下列方法的定义,正确的有(   )。

A. public String fun() {
   return "Hello Java!";
  }

B. public void fun() {
   return"Hello Java!";
  }

C. public fun() {
   System.out.println("Hello Java!");
  }

D. public String fun(String s) {
   s="Hello Java!";
   return s;
  }

2.下列关于定义方法的说法,错误的是(   )。

A. 方法没有返回值时,声明方法时可以省略 void

B. 方法的返回值类型要与定义方法的返回值类型一致或兼容

C. 定义方法时写在方法参数列表中的参数是实际参数

D. 方法名可以任意取,不需要遵守任何规则

3.阅读下述代码:

```
public class Teacher {
    public int giveScore() {
        return 90;
    }
    public void buy(int money) {
        //购买东西
    }
}
```

假设 Teacher 类中的对象 teacher,在测试类中,正确调用方法的是(   )。

A. teacher. giveScore(90);

B. giveScore( );

C. teacher. buy(100);

D. String goods=buy(100);

4.(多选)关于成员变量与局部变量的描述,正确的有(   )。

A. 成员变量是类的属性,不能为它赋初值

B. 局部变量只能在声明它的方法内或方法代码块内使用

C. 没有为成员变量赋初值时,Java 会为其提供默认的初值

D. 没有为局部变量赋初值时,Java 会为其提供初值

二、简答题

1.方法按照是否有返回值和参数分为哪几类? 它们分别如何定义与使用?

2.变量分为哪两类? 两者有什么不同?

项目 11

指导学习：面向对象编程

项目简介

通过前面项目的学习，我们了解了Java面向对象编程，了解了Java中类和对象的概念，能使用Java定义类、创建对象、使用对象。面向对象的编程思想是Java的核心，我们要从面向过程的编程思想转变为面向对象的编程思想，能从问题中抽象出类，并能定义出类的属性和方法，其中方法的定义是定义类的难点部分。类的方法能展现出类的功能或具备的行为能力。掌握面向对象的编程思想需要我们不断地练习，在实践中多思考、多总结。本项目我们将会对面向对象编程的基础知识进行总结与梳理，帮助大家加深对基本概念的理解。最后我们通过使用面向对象编程的知识开发人机互动猜拳游戏。

重点巩固内容

（1）类和对象。

（2）类的定义。

（3）对象的使用。

（4）方法的定义。

（5）方法的使用。

重点实践目标

完成人机互动猜拳游戏的开发。

任务 1 | **重点复习**

◆ 一、类和对象

类和对象是面向对象编程中非常重要的两个概念。对象是存在的具体实体,对应于现实世界的事物,具有明确的状态和行为。类是对具有相同状态和行为的对象的抽象,对象的状态和行为被封装在类中。在面向对象编程中,状态称为属性,行为称为方法。例如,学生"张三"有姓名、年龄、身高、体重等属性,有读书、听课、写字、编程等方法。将与学生"张三"具有相同属性和方法的对象进行抽象,可以归类为学生。

Java 语言是面向对象的编程语言,使用 Java 语言可以定义类和创建对象。在 Java 中定义类的语法如下。

```
访问修饰符 class 类名{
    类的属性;
    类的方法;
}
```

例如:

```java
public class Student {
    //属性
    String name;//姓名
    int age;          //年龄
    String major;     //专业
    //方法
    public void study() {
        System.out.println("学习!");
    }
}
```

在面向对象编程中,定义类的目的是将类作为"模子"或"原型",创建一个个具体的对象,属性和方法通常是通过对象来调用的。在 Java 中创建对象的语法如下。

```
类名 对象名=new 类名();
```

例如:

```java
Student stu=new Student();
```

创建对象后,即可使用对象。通常通过对象使用对象的属性、调用对象的方法。语法如下。

使用属性:

```
对象名.属性;
```

例如:

```java
stu.age=20;
```

使用方法:

```
对象名.方法名(实际参数);
```

例如:

```
        stu.study();
```

◆ 二、方法的定义和使用

类的方法是类的所有对象均具有的操作或行为能力,通过对代码块进行封装,实现这种操作或行为。定义方法的语法格式如下。

```
访问修饰符 返回值类型 方法名(参数列表){
    方法体;
}
```

对于方法,我们使用 public 进行修饰。返回值类型由方法的返回值类型决定,如果方法无返回值,则返回值类型为 void;如果方法有返回值,则返回值类型为返回值的数据类型,且方法体中必须通过 return 语句将结果返回。方法名要遵守 Java 中标识符的命名规则。参数列表是方法接收外部数据的入口,编程时可以将方法需要的数据通过参数传入方法中,定义方法时的参数称为形式参数。

方法定义完成后即可使用方法。使用方法分以下两种情况。

(1) 在类中使用自定义的方法,可以直接调用,语法如下。

```
方法名(实际参数列表);
```

(2) 使用其他类中定义的方法,需要先创建该方法所在类的对象,然后调用,语法如下。

```
对象名.方法名(实际参数列表);
```

◆ 三、文档注释

在 Java 中,除了单行注释和多行注释外,还有 JavaDoc 注释(Java 文档注释)。例如:

```
/**
*ComputeScore 类
*@author jack
*@version 1.0 2019/02/28
*/
```

JavaDoc 注释是一种能够从源代码中抽取类、方法、成员的注释,然后形成一个与源代码配套的 API 帮助文档。该文档对类和类的成员进行了介绍。JavaDoc 注释的语法规则如下。

(1) JavaDoc 注释以"/**"开头,以"*/"结尾。

(2) 每个注释均包含一些描述性的文本及若干个 JavaDoc 标签。

(3) JavaDoc 标签通常以"@"为前缀。常用的 JavaDoc 标签如表 11.1 所示。

表 11.1　常用的 JavaDoc 标签

JavaDoc 标签	含　义	JavaDoc 标签	含　义
@author	作者名	@version	版本标识
@parameter	参数及其意义	@since	最早使用的 JDK 版本
@return	返回值	@throws	异常类及抛出条件

JavaDoc 注释的使用见例 11.1。

【例 11.1】

```java
package com.mstanford.chapter11;
/**
*ComputeScore 类
*@author jack
*@version 1.0 2019/02/28
*/
public class ComputeScore {
    /**
    *java 成绩
    */
    int javaScore;

    /**
    *html 成绩
    */
    int htmlScore;

    /**
    *计算总成绩
    *@return total
    */
public int calcTotalScore() {
    int total=javaScore +htmlScore;
    return total;
}

    /**
    *和其他学生的总分进行比较
    *@param otherScore 其他学生的总分
    *@return true or false,比其他同学低返回 false,否则返回 true
    */
public boolean compareScore(int otherScore) {
    int total=calcTotalScore(); //计算总分
    boolean result=false;
    //比较成绩高低
    if(total>=otherScore) {
        result=true;
    }else {
        result=false;
    }
    //返回结果
```

```
        return result;
    }
}
```

添加完 JavaDoc 注释后，可以通过 javadoc 命令生成 JavaDoc 文档，并通过 Eclipse 中"File"菜单下的"Export"选项导出 JavaDoc 文档。

任务 2　实践提升

◆ 一、任务描述

猜拳是我们经常玩的小游戏，它通过不同的手势表示石头、剪刀、布。石头剪刀布的输赢规则是石头赢剪刀，剪刀赢布，布赢石头。本次任务是使用面向对象的编程思想，开发人机交互的猜拳游戏。

游戏过程如下。

（1）选取对战角色。

进入游戏后，选择对手。对手是由计算机虚构出的对象。

（2）猜拳。

开始对战，用户和对手出拳，将用户与对手进行比较，提示胜负信息。

（3）记录分数。

每局猜拳结束，获胜方加 1 分（平局时双方均不加分）。游戏结束时，显示对战次数及对战最终结果。

猜拳游戏运行效果如图 11.1 所示。

图 11.1　猜拳游戏运行效果

◆ 二、任务实施

1. 分析业务,抽象出类,定义用户类

1) 需求分析

根据业务抽象出 3 个类:用户类、计算机类和游戏类。用户类、计算机类和游戏类的属性和方法分别如图 11.2、图 11.3 和图 11.4 所示。

图 11.2　用户类的属性　　图 11.3　计算机类的　　图 11.4　游戏类的属性
　　　　　和方法　　　　　　　　属性和方法　　　　　　　和方法

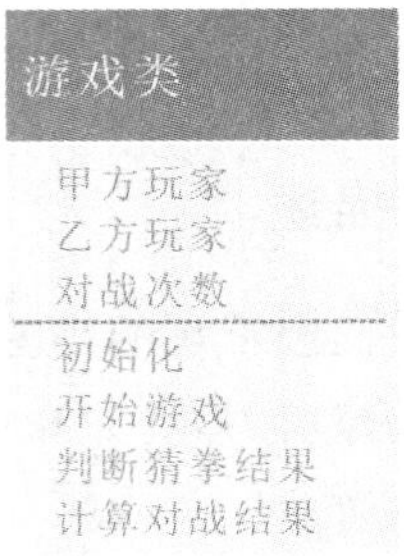

2) 参考代码

定义用户类:

```java
public class Person {
    String name;   //名称
    int score;     //积分

    /**
     *出拳
     *@return 出拳结果:1.剪刀 2.石头 3.布
     */
    public int showFist(){
    //接收用户的选择信息
    Scanner input=new Scanner(System.in);
    System.out.print("\n请出拳:1.剪刀 2.石头 3.布 (输入相应数字) :");
    int show=input.nextInt();
    //输出出拳结果,并返回
switch(show){
    case 1:
      System.out.println("你出拳:剪刀");
      break;
    case 2:
      System.out.println("你出拳:石头");
      break;
    case 3:
      System.out.println("你出拳:布");
      break;
    }
```

```
    return show;
        }
    }
```

2. 创建计算机类

1) 需求分析

按照计算机类的设计创建出计算机类。计算机出拳由计算机随机产生一个 1～3 范围内的数实现,通过随机数来模拟出拳结果。例如,产生 2,显示"计算机出拳:石头"。

产生 1～3 范围内的随机数的代码为"int show=(int)(Math. random()*10)%3+1;"。

2) 参考代码

定义计算机类:

```
public class Computer {
    String name="计算机";   //名称
    int score=0;     //积分

    /**
     *出拳
     *@return 出拳结果:1.剪刀 2.石头 3.布
     */
    public int showFist(){
    //产生随机数
    int show= (int)(Math.random()*10)%3+1;   //产生随机数,表示计算机出拳

    //输出出拳结果并返回
    switch(show){
        case 1:
          System.out.println(name+"出拳:剪刀");
          break;
        case 2:
          System.out.println(name+"出拳:石头");
          break;
        case 3:
          System.out.println(name+"出拳:布");
          break;
    }
    return show;
    }
}
```

3. 创建游戏类,编写初始化方法

1) 需求分析

定义游戏类,游戏类中有甲、乙玩家两个属性和对战次数,甲方为用户,乙方为计算机。

游戏类中的初始化是对玩家属性的初始化,实例化甲、乙玩家,并设置对战次数为 0。

2）参考代码

```java
public class Game1 {
    Person person;           //甲方
    Computer computer;   //乙方
    int count;               //对战次数

    /**
     *初始化
     */
    public void initial(){
    person=new Person();
    computer=new Computer();
    count=0;
    }
}
```

4. 定义判断猜拳结果的方法和计算最终胜负的方法

1）需求分析

根据每局甲、乙玩家的出拳，判断每局的输赢，最终甲、乙玩家的胜负通过积分判断，积分多的玩家胜出。

2）参考代码

定义判断每局猜拳结果的方法如下。

```java
/**
 *判断甲乙双方出拳的输赢结果
 * @param perFist 甲方出拳
 * @param compFist 乙方出拳
 * @return 1.平局   2.甲方赢    3.乙方赢
 */
public void judge(int perFist,int compFist) {
    if((perFist==1&&compFist==1)||
       (perFist==2&&compFist==2)||
       (perFist==3&&compFist==3)){
    System.out.println("结果:和局,真衰！嘿嘿,等着瞧吧！\n");   //平局
    }else if((perFist==1&&compFist==3)||
       (perFist==2&& compFist==1)||
       (perFist==3&& compFist==2)){
    System.out.println("结果:恭喜,你赢了！");   //用户赢
        person.score++;
    }else{
    System.out.println("结果:^_^,你输了,真笨！\n");   //计算机赢
        computer.score++;
    }
}
```

定义计算最终胜负的方法如下。

```
    /**
     *显示比赛最终结果
     */
public void showResult(){
        /*显示对战次数* /
        System.out.println("-----------------------------------------------");
        System.out.println(computer.name+"VS"+person.name);
        System.out.println("对战次数:"+count);

        //显示最终得分
        System.out.println("\n 姓名\t 得分");
        System.out.println(person.name+"\t"+person.score);
        System.out.println(computer.name+"\t"+ computer.score+"\n");

        /* 显示对战结果* /
        if(person.score==computer.score){
            System.out.println("结果:打成平手,下次再和你一分高下!");
        }else if(person.score >computer.score){
            System.out.println("结果:恭喜恭喜!");    //用户获胜
        }else{
            System.out.println("结果:呵呵,笨笨,下次加油啊!");    //计算机获胜
        }
        System.out.println("-----------------------------------------------");
    }
```

5.定义开始游戏的方法,并测试游戏

1）需求分析

在开始游戏的方法中完成游戏过程:输出菜单,选择对战角色,循环猜拳,输出结果。

定义完所有类后,编写主方法,开始游戏。

2）参考代码

定义开始游戏的方法:

```
public void startGame() {
    System.out.println("---------------- 欢迎进入游戏世界---------------- ");
    System.out.println("\n\t\t*****************");
    System.out.println   ("\t\t**    人机互动猜拳游戏    **");
    System.out.println   ("\t\t*****************");
    System.out.println("\n 出拳规则:1.剪刀 2.石头 3.布");
    Scanner input=new Scanner(System.in);
    String exit="n";   //退出系统
    do{
        initial();   //初始化
        /* 选择对方角色* /
        System.out.print("请选择对方角色(1:刘备 2:孙权 3:曹操):");
        int role=input.nextInt();
```

```java
        if(role==1){
            computer.name= "刘备";
        }else if(role==2){
            computer.name= "孙权";
        }else if(role==3){
            computer.name="曹操";
        }
        /*输入用户姓名*/
        System.out.print("请输入你的姓名:");
        person.name=input.next();
        System.out.println(person.name+ "VS"+ computer.name+"对战\n");
        //扩展功能 1 结束
        System.out.print("要开始吗？(y/n)");
        String start=input.next();   //开始每一局游戏
        int perFist;    //用户出的拳
        int compFist;   //计算机出的拳
        while(start.equals("y")){
            /*出拳*/
            perFist=person.showFist();
            compFist=computer.showFist();
            //判断输赢
            judge(perFist,compFist);
            count++;
            System.out.print("\n是否开始下一轮(y/n):");
            start=input.next();
        }
        /*显示结果*/
        showResult();
        //循环游戏,直到退出系统
        System.out.print("\n要开始下一局吗?(y/n):");
        exit=input.next();
        System.out.println();
    }while(!exit.equals("n"));
    System.out.println("系统退出!");
}
```

测试游戏：

```java
/**
 *人机互动版猜拳游戏
 *程序入口
 */
public class StartGuess {
    public static void main(String[] args) {
        Game game=new Game();
        game.startGame();
    }
}
```

项目 12

数组

项目简介

在前述项目中我们讲解了变量的使用，变量的作用是存储数据，但是每个变量仅能存储单个数据，不能存储多个数据。例如，我们要想存储一个班级 30 位学生的 Java 课程的考试成绩，如果采用前面所学的知识，则需要定义 30 个整型变量存储这些学生的考试成绩，这就会导致程序代码臃肿。本项目我们将学习数组，通过数组来解决这个问题。数组是内存中一块连续的存储空间。通过数组，能很方便地存储一组具有相同类型的数据。本项目我们将重点学习一维数组的定义和使用，并介绍二维数组。

学习目标

（1）了解数组的概念。

（2）掌握一维数组的使用。

（3）掌握二维数组的使用。

上机任务

（1）一维数组的使用。

（2）二维数组的使用。

1.数组是_____。
2.Java 中的数组由_____、_____、_____和_____四个基本要素组成。
3.使用数组的步骤是_____、_____、_____和_____。
4.声明二维数组的语法是_____。

任务1 了解数组的概念

在 Java 中,使用基本数据类型的变量仅能存储单个数据,如果要存储一个班 30 位学生的成绩,则需要定义 30 个变量,代码如下。

```java
int score1=92;
int score2=83;
int score3=75;
int score4=80;
int score5=85;
...
int score28=67;
int score29=81;
int score30=88;
```

可以看到,上述代码非常臃肿,且如果需要计算这 30 位学生的平均成绩,操作会更加麻烦,代码如下。

```java
int avgScore= (score1+ score2+ score3+···+ score29+ score30)/30;
```

如果需要存储全校学生的成绩,并对这些成绩进行统计计算,代码的复杂程度可想而知。如何存储大量同类型的数据呢? Java 提供了数组的概念,通过数组来存储一组相同类型的数据。

在 Java 中,数组就是一个数据集合,用于将相同类型的数据存储在内存中。数组中的每一个数据元素都属于同一数据类型。例如,全班 30 位学生的成绩均为整型,就可以存储在一个整型数组中。

项目 2 讲解了声明一个变量就是在内存空间分配一个合适的存储空间,然后将数据存储于该存储空间中。同样,创建一个数组就是在内存空间中开辟出一块连续的存储空间,如图 12.1 所示。

Java 中数组的基本要素有以下 4 个。

(1)标识符:数组名称,用于区分不同的数组。数组的标识符需要遵守 Java 标识符的命名规则。

(2)数组元素:存储在数组中的数据。

(3)数组下标:为了便于找到数组中的元素,对数组元素进行编号。数组的下标编号从

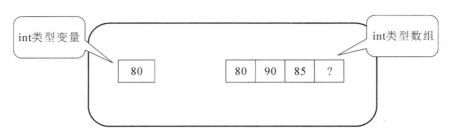

图 12.1　内存中的变量与数组

0 开始。

（4）元素类型：存储在数组中的元素均为同一类型，元素类型即存储在数组中的元素的数据类型。数组中元素的类型可以是基本数据类型，也可以是引用数据类型。

任务 2　掌握一维数组的使用

◆　一、一维数组的使用步骤

一维数组的使用包括以下步骤。

1. 声明一维数组

在 Java 中，声明一维数组的语法如下。

```
数据类型[] 数组名;
```

或者

```
数据类型 数据名[];
```

以上两种方式都可以声明一个一维数组。其中，数据类型既可以是基本数据类型，也可以是引用数据类型。数组名必须遵守 Java 标识符的命名规则。

声明数组就是要告诉计算机，该数组中数据的类型是什么。例如：

```
int[] scores;
    double temps[];
    String[] names;
```

> **注意：**
> 在声明一维数组变量时要细心，不要漏写"[]"。

2. 分配空间

声明一维数组后并不会为一维数组分配存储空间，此时不能使用一维数组。要为一维数组开辟连续的存储空间，这样一维数组的每一个元素才有一个空间用以存储。

简言之，分配空间就是要告诉计算机，在内存中要为一维数组分配多少个连续的空间用以存储数据。在 Java 中，使用"new"关键字为一维数组分配空间，语法如下。

```
数组名=new 数据类型[数组长度]; //分配空间
```

其中，数组长度就是数组中能够存放的元素的个数，必须是大于 0 的整数。例如：

```
scores=new int[30];
temps=new double[7];
name=new String[30];
```

当然，也可以在声明一维数组时就为其分配空间，语法如下。

数据类型[] 数组名=new 数据类型[数组长度]；

一旦声明数组的大小，就不能再修改了。分配空间时，数组长度必须有，不能缺少。

尽管数组可以存储基本数据类型的数据，但数组本身属于引用数据类型。它具有属性和方法，其中，length 属性表示数组的长度，即可以存储数据元素的个数。

3. 赋值

分配空间后，即可向一维数组中存放数据。一维数组中的每一个元素都是通过下标访问的，语法如下。

数组名[下标]=值；

例如，在 scores 数组中存放数据：

```
scores[0]=80;
scores[1]=90;
scores[2]=85;
...
```

上述赋值在编程时较为麻烦。通过观察代码可以发现，每一次赋值都需要使用数组名，只是下标在变化，所以可以使用循环结构为数组赋值。例如：

```
Scanner input=new Scanner(System.in);
for(int i=0;i<30;i++) {
        scores[i]=input.nextInt();
}
```

可见，运用循环结构大大简化了代码。

> **经验：**
> 在编写程序时，数组和循环结构通常结合在一起使用，这样可以大大简化代码，提高程序效率。

除此之外，Java 中还提供了另外一种直接创建数组的方式。它将声明数组、分配空间和赋值合并完成，语法如下。

数据类型[] 数组名= {值 1,值 2,值 3,…,值 n}；

例如，使用这种方式创建 scores 数组。

int [] scores={80,90,85,78,88};   //创建一个长度为 5 的数组 scroes

这种赋值方式等价于下述代码。

int[] scores=new int[] {80,90,85,78,88};

> **提示：**
> 值得注意的是，直接创建并赋值的方式通常在数组元素较少的情况下使用。它必须一并完成。下述代码是不合法的。
>
> int[] scores;
> scores={60,70,98,90,76};   //错误

4. 对数据进行处理

使用一维数组存储学生的成绩并计算 5 位学生的平均分，见例 12.1。

【例 12.1】

```java
package com.xxx.chapter12;
import java.util.Scanner;
public class ArrayDemo {
    public static void main(String[] args) {
        int[] scores=new int[5]; //成绩数组
        int sum=0;
        Scanner input=new Scanner(System.in);
        System.out.println("请输入 5 位学生的成绩:");
        for(int i=0; i<scores.length; i++) {
            scores[i]=input.nextInt(); //为数组元素赋值
            sum=sum+scores[i]; //累加成绩
        }
        //计算平均分
        double avg= (double)sum/scores.length;
        System.out.println("学生的平均成绩是:"+avg);
    }
}
```

例 12.1 的程序运行结果如图 12.2 所示。

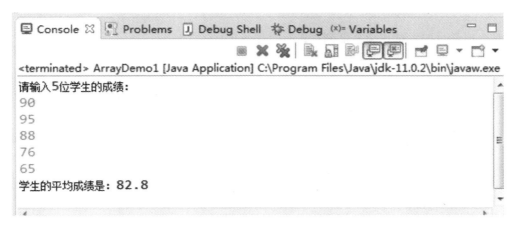

图 12.2　例 12.1 的程序运行结果

在例 12.1 中，通过循环为数组赋值，并在赋值的同时将数组元素的值进行累加，数组的下标从 0 开始到"scores.length－1"，其中 scores.length 指数组的长度，即数组中元素的个数。

> 经验：
> 　　数组一经创建，其长度(元素的个数)是不可改变的，如果越界访问(即引用数组元素时，下标超过 0 至数组长度－1 的范围)，程序会报错。为避免程序出问题，常通过下述代码限制数组的下标。
> ```
> i<scores.length;
> ```

> **注意：**

如果定义的数组是基本数据类型的数组，即 int 类型、double 类型、char 类型和 boolean 类型，在 Java 中定义数组后，若没有指定初值，则依数据类型的不同，会为数组元素赋一个默认值，如表 12.1 所示。

表 12.1 数组元素的初值

数 据 类 型	初 始 值
int	0
double	0.0
char	'\u0000'
boolean	false

◆ 二、一维数组的使用

1. 数组排序

数组排序是实际开发中较为常用的操作，如果需要对存放在数组中的 5 位学生的考试成绩从低到高排序，可以使用 Arrays 类实现。该类封装了对数组操作的常用算法。

使用 Arrays 类进行数组排序的方法是

```
Arrays.sort(数组名);
```

对 5 位学生的考试成绩从低到高进行排序见例 12.2。

【例 12.2】

```java
package com.xxx.chapter12;
import java.util.Arrays;
import java.util.Scanner;
public class ArraySort {
    public static void main(String[] args) {
        int[] scores=new int[5]; //成绩数组
        int sum=0;
        Scanner input=new Scanner(System.in);
        System.out.println("请输入 5 位学生的成绩:");
        for(int i=0; i<scores.length; i++) {
            scores[i]=input.nextInt(); //为数组元素赋值
        }
        //数组排序
        Arrays.sort(scores);
        //排序结果
        System.out.print("学生成绩按升序排列:");
        for (int i=0; i<scores.length; i++) {
            System.out.print(scores[i]+"");
        }
    }
```

```
        }
    }
```

例 12.2 的程序运行结果如图 12.3 所示。

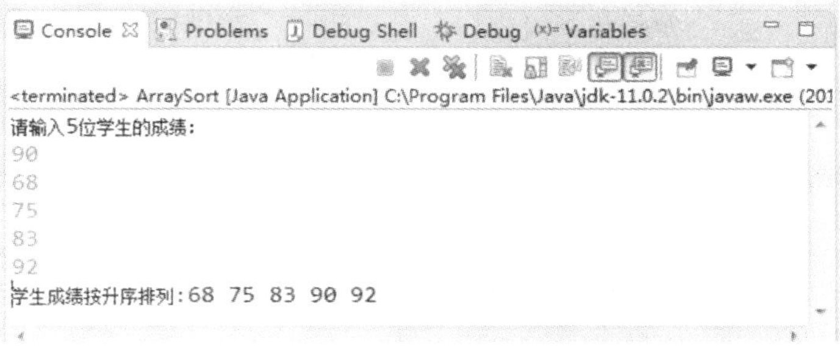

```
Console ✕  Problems  Debug Shell  Debug  Variables

<terminated> ArraySort [Java Application] C:\Program Files\Java\jdk-11.0.2\bin\javaw.exe (201
请输入5位学生的成绩:
90
68
75
83
92
学生成绩按升序排列:68 75 83 90 92
```

图 12.3　例 12.2 的程序运行结果

使用 Arrays 类的 sort 方法进行排序,只需要提供数组名即可。该方法对数组排序的算法进行了封装。

2. 求一维数组中的最值

从键盘上输入 5 位学生的 Java 课程考试成绩,求这些学生中的最高分。求一个数组中的最大值,类似于打擂台,假设第一个为最大值,将其依次与后面的数字进行比较,谁比最大值大,谁就拥有最大值的头衔。具体实现见例 12.3。

【例 12.3】

```java
import java.util.Scanner;
public class MaxScore {
    public static void main(String[] args) {
        int[] scores=new int[5]; //成绩数组
        int sum=0;
        Scanner input=new Scanner(System.in);
        System.out.println("请输入 5 位学生的成绩:");
        for (int i=0; i<scores.length; i++) {
            scores[i]=input.nextInt(); //为数组元素赋值
        }
        //计算最大值
        int max=scores[0];
        for (int i=1; i<scores.length; i++) {
            if (scores[i]>max) {
                max=scores[i];
            }
        }
        System.out.println("考试成绩最高分为:"+max);
    }
}
```

例 12.3 的程序运行结果如图 12.4 所示。

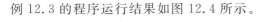

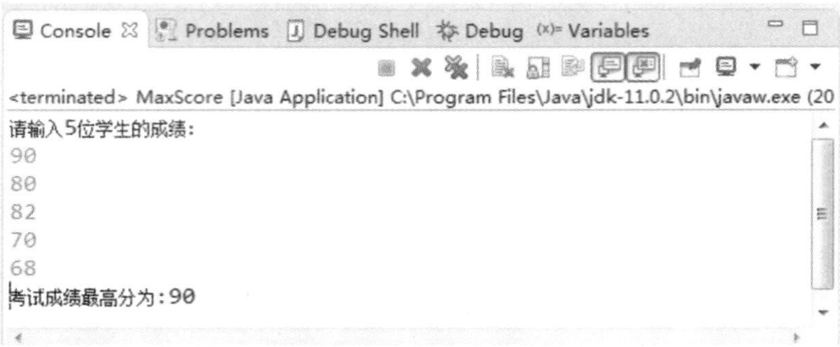

图 12.4 例 12.3 的程序运行结果

在例 12.3 中，假设数组中的第一个元素为最大值，经过循环比较后，找到了最高分 90。

提问：

如何求数组中成绩的最低分呢？

任务 3 掌握二维数组的使用

一、二维数组的使用

如果需要存储多个班级的学生的成绩，使用一维数组较为不便，此时，可以使用二维数组存储。下面讲解 Java 中的二维数组。

1. 二维数组的声明

二维数组声明的语法如下。

```
数据类型[ ][ ] 数组名;
```

或者

```
数据类型 数组名[ ][ ];
```

声明二维数组的代码如下。

```
int[ ][ ] scores;
```

或

```
int scores[ ][ ];
```

2. 分配空间

为二维数组开辟存储空间也使用“new”关键字，语法如下。

```
数组名=new 数据类型[长度][长度];
```

例如：

```
scores=new int[3][5];
```

另外，可以在声明二维数组类型的同时为二维数组分配空间。例如：

```
int[ ][ ] scores=new int[3][5];
```

上述语句将数组 scores 定义为 3 行 5 列。可以将数组 scores 视为一维数组，其中又包括 3 个元素的一维数组，所有二维数组可以视为一张二维表，如图 12.5 所示。

◀Java 一维数组的使用 3

scores[0]	scores[0][0]	scores[0][1]	scores[0][2]	scores[0][3]	scores[0][4]
scores[1]	scores[1][0]	scores[1][1]	scores[1][2]	scores[1][3]	scores[1][4]
scores[2]	scores[2][0]	scores[2][1]	scores[2][2]	scores[2][3]	scores[2][4]

图 12.5　二维数组的二维表形式

3. 为二维数组赋值

为二维数组中的元素赋值的语法如下。

　　　　数组名[行][列]=值;

例如：

　　　　scores[1][2]= 86;

对二维数组也可以在声明时赋值。例如，创建一个 3 行 4 列的二维数组，代码如下。

　　　　int[ ][ ] scores=new int[ ][ ] {{87,94,78,67 },{83,67,78,90 },{83,74,77,95 }};

声明时赋值的简化代码如下。

　　　　int[ ][ ] scores={{87,94,78,67 },{83,67,78,90 },{83,74,77,95 }};

使用嵌套的循环结构为二维数组赋值见例 12.4。

【例 12.4】

```java
import java.util.Scanner;
public class InitialTwoDimeArray {
    public static void main(String[] args) {
        Scanner input=new Scanner(System.in);
        //声明一个 2 行 3 列的二维数组
        int[][] scores=new int[2][3];
        //为数组赋值
        for(int i=0;i<scores.length;i++) {
            for (int j=0;j<scores[i].length;j++) {
                System.out.println("请输入第"+ (i+1)+"个班级,第"+ (j+1)
                    +"个学生的成绩");
                scores[i][j]=input.nextInt();
            }
        }
        //输出学生成绩
        for (int i=0; i<scores.length;i++) {
            System.out.println("第"+ (i+1)+"个班级学生的成绩如下:");
            for (int j=0;j<scores[i].length;j++) {
                System.out.print(scores[i][j]+"");
            }
            System.out.println();
        }
    }
}
```

例 12.4 的程序运行结果如图 12.6 所示。

图 12.6　例 12.4 的程序运行结果

由例 12.4 可以看出，二维数组实际由多个一维数组组成，每个一维数组都可以使用
length 属性获取数组长度。

二、增强型 for 循环结构与数组的遍历

采用普通循环结构对数组进行遍历时，需要获取数组的下标，以便依次获取数组中的元
素。为了简化对数组的遍历操作、提高数组遍历的效率，Java 提供了增强型 for 循环结构。
该循环结构专用于数组或集合的遍历操作。它的语法格式如下。

```
for(数据类型 变量:数组) {
    循环体;
}
```

在增强型 for 循环结构中，数据类型可以是基本数据类型，也可以是引用数据类型。变
量用于依次存储数组中的元素，被遍历到的数组元素被存储于该变量中。数组可以是一维
数组，也可以是二维数组。

使用增强型 for 循环结构遍历一维数组的代码如下。

```
int nums[]={1,2,3,4,5,6};
for(int num:nums) {
    System.out.println(num);
}
```

使用增强型 for 循环结构遍历二维数组的代码如下。

```
int [ ][ ] numss={{ 87, 94, 78, 67 },{ 83, 67, 78, 90 },{ 83, 74, 77, 95 }};
for(int nums[]:numss){
    for(int num:nums){
        System.out.print(num+"\t");
    }
    System.out.println();
}
```

> 注意：
> 在增强型 for 循环结构的循环操作中，只能依次获取数组元素的值，不能对数组元素的值进行修改。

◀Java 二维数组的使用

上机任务12

阶段 1 一维数组的使用

1. 指导部分

1）实践内容

（1）一维数组的定义。

（2）一维数组的使用。

2）需求说明

定义客户类（Customer 类），该类的属性有客户姓名、卡号、电话、积分，方法是显示自己信息的方法。定义一个客户管理类（CustomerManager 类），该类的属性为一个长度为 5 的客户类型的数组，在该类中定义一个初始化方法，对客户数组进行初始化，并编写测试类程序，进行初始化的测试。

3）实现思路

（1）定义 Customer 类。

（2）定义 CustomerManager 类。

（3）在 CustomerManager 类中添加客户类型的数组与数组初始化方法。

（4）编写测试类程序，测试数组初始化。

4）参考代码

Customer 类：

```java
public class Customer {
    String name; //客户姓名
    int cardNo; //卡号
    String phone; //电话
    int point; //积分
    //返回客户基本信息
    public String toString() {
        return "客户姓名:"+name+",卡号:"+cardNo+",电话:"+phone+",积分:"+point;
    }
}
```

CustomerManager 类：

```java
import java.util.Scanner;
public class CustomerManager {
    Customer[] customers;
    //对客户数组进行初始化
    public void inital() {
        System.out.println("初始化所有客户信息……");
        Scanner input=new Scanner(System.in);
        customers=new Customer[5];
        for (int i=0;i<customers.length;i++) {
```

```
        //创建一个客户对象作为数组的元素
        Customer cust=new Customer();
        System.out.println("请输入第"+(i+1)+"个客户的姓名:");
        cust.name=input.next();
        System.out.println("请输入第"+(i+1)+"个客户的卡号:");
        cust.cardNo=input.nextInt();
        System.out.println("请输入第"+(i+1)+"个客户的电话:");
        cust.phone=input.next();
        System.out.println("请输入第"+(i+1)+"个客户的积分:");
        cust.point=input.nextInt();
        //将客户对象添加到数组中
        customers[i]=cust;
        }
    }
    //输出所有客户的信息
    public void showAllCustInfo() {
        System.out.println("所有客户信息如下:");
        for (int i=0;i<customers.length;i++) {
            System.out.println(customers[i]);
        }
    }
}
```

测试类:

```
public class TestCustomer {
    public static void main(String[] args) {
        CustomerManager cm=new CustomerManager();
        cm.inital();
        cm.showAllCustInfo();
    }
}
```

2. 练习部分

需求说明:在客户管理类中,编写一个方法,该方法能查找出积分最高的客户;在测试类中调用初始化方法后,再调用查找积分最高的客户的方法,输出该积分最高的客户的信息。

> **提示:**
> 定义一个变量 maxIndex,使用该变量保存数组中积分最高的客户元素的下标,先假定下标为 0 的客户积分最高,将其依次与数组中后续的客户进行比较,如果有比当前假定客户的积分高的元素,就将该元素的下标保存在 maxIndex 中,数组遍历完成后,maxIndex 保存的即为最高积分元素的下标。

阶段 2 二维数组的使用

1. 指导部分

1) 实践内容

(1) 二维数组的定义。

（2）二维数组的遍历。

（3）数组的排序。

2）需求说明

定义一个二维数组的操作类，在该类中定义以下方法。

（1）定义一个行列转置的方法，用以对一个二维数组进行列转置，并返回转置后的数组结果。

（2）定义一个方法，用以输出二维数组中的每个元素。

（3）定义测试行列转置的方法，输出转置前后的数组信息。

3）实现思路

（1）定义二维数组操作类，定义行列转置的方法。

（2）定义测试行列转置的方法。

4）参考代码

二维数组操作类：

```java
import java.util.Arrays;
public class OperateTwoDime {
    //将二维数组进行行列转置
    public int[][] transposition(int[][] scores) {
        System.out.println("将二维数组进行行列转置……");
        int[][] newScores=new int[scores[0].length][scores.length]; //行列转置后
的新二维数组
        //遍历二维数组
        for (int rowIndex=0;rowIndex<scores.length;rowIndex++) {
        for (int colIndex=0;colIndex<scores[rowIndex].length;colIndex++) {
                //位置互换
                newScores[colIndex][rowIndex]=scores[rowIndex][colIndex];
            }
        }
        return newScores;
    }
    //遍历输出二维数组的元素
    public void show(int[][] arr) {
        for (int i=0;i<arr.length;i++) {
            for (int j=0;j<arr[i].length;j++) {
                System.out.print(arr[i][j]+"\t");
            }
            System.out.println();
        }
    }
}
```

测试类：

```java
public class TestTwoDime {
    public static void main(String[] args) {
```

```
//定义一个二维数组
int[][] scores=new int[][] {{ 76, 68, 88 },{ 87, 90, 82 }};
OperateTwoDimeptd=new OperateTwoDime();
//转置前
System.out.println("转置前:");
ptd.show(scores);
int[][] arr=ptd.transposition(scores);
System.out.println("转置后:");
//转置后
ptd.show(arr);
        }
    }
```

二维数组的行列转置如图 12.7 所示。

图 12.7 二维数组的行列转置

2. 练习部分

需求说明:在数组操作类中添加一个方法,该方法用于实现对二维数组中的每一行元素进行排序,每一行的数据都从低到高排列。

> 提示:
> 二维数组可以视为多个一维数组的集合,对一维数组进行排序可以使用代码"Arrays. sort(数组名);"。

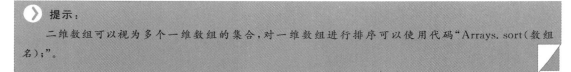

项目总结

● 数组是内存中一块连续的存储区间,是存储一组相同类型的元素的集合。

● 数组中的元素通过数组的下标进行访问,数组的下标从 0 开始。

● 数组可用一个循环结构为元素赋值。

● 数组可以通过 length 属性获取数组长度。

● Aarrys 类提供了 sort 方法,用以对数组进行排序。

● 二维数组可以视为是以一维数组为元素的数组。

习题12

一、选择题

1. 下列关于数组的初始化,正确的是(　　)。

A. int t1[][]={{1,2},{3,4},{5,6}};

B. int t2[][]={1,2,3,4,5,6};

C. int t3[3][2]={1,2,3,4,5,6};

D. int t4[][];

　 t4={1,2,3,4,5,6};

2. 下列选项中,正确的是(　　)。

A. 若定义数组"int [] a={1,2};",则 a[3]=0

B. 声明"int[2] a;"是正确的

C. 若定义数组"int[] a=new int[0];",则"a.length"等于 0

D. 若定义数组"int[] a=new int[0];",则"a.length()"等于 0

3. 下述程序的运行结果是(　　)。

```
public class Test {
    public static void main(String[] args){
        int i,s=0;
        int a[ ]={10,20,30,40,50,60,70,80,90};
        for(i=0; i<a.length;i++)
            if (a[i]%3==0)
                s+=a[i] ;
        System.out.println("s="+s);
    }
}
```

A. s=180　　　　　　　B. s=190　　　　　　　C. s=160　　　　　　D. s=0

4. 下列关于不规则数组的说法,错误的是(　　)。

A. int[3][ ] x={{1,2,3},{5 },{0,4}};

B. int[ ][ ] x=new int[ ][ ]{{1,2,3},{5 },{0,4}};

C. int[ ][ ] x={{1,2,3},{5 },{0,4}};

D. 不规则数组即每列的元素个数不一致

5. 下述程序的运行结果是(　　)。

```
public class Test {
    public static void main(String[] args) {
        int k=0;
        int[][] x={{1,2,3},{5},{0,4}};
        for (int i=0;i<x.length;i++) {
            for (int j=0;j<x[i].length;j++) {
                k=k+x[i][j];
            }
        }
```

```
            System.out.println(k);
        }
    }
```

A. 10   B. 15   C. 16   D. 17

二、简答题

1. 使用一维数组分为哪些步骤？请举例说明。

2. 使用二维数组分为哪些步骤？请举例说明。

项目 13

项目案例：影院售票系统

项目简介

　　本课程讲解了 Java 语言的基本内容，包括变量与数据类型、程序的基本结构与面向对象编程。本课程学习完毕后，我们应能够理解程序的基本逻辑与 Java 面向对象的编程思想，能定义类以及使用对象解决问题，能使用数组存储大量数据。本项目将对前面学过的内容进行复习巩固，完成影院售票系统。本项目包括电影院中核心的工作流程，即新片入院、影片放映设置、电影信息查询、电影票实时销售。通过本项目，将本课程的理论知识付诸实践，可加深我们对 Java 语言的理解，从而提高在项目中的动手实践能力。

项目工作任务

（1）新增影片信息。

（2）查询影片信息。

（3）电影放映设置。

（4）购买电影票。

（5）打印电影票。

项目技能目标

（1）掌握变量和数据类型的使用。

（2）使用顺序结构、选择结构、循环结构、跳转语句编写程序代码。

（3）掌握数组的使用。

（4）掌握类和对象的使用。

（5）掌握方法的定义和调用。

任务 1 项目分析

◆ 一、需求概述

在当前信息化管理的浪潮下,我国各行业的管理模式不断转向信息化、现代化的高效管理模式。影院售票系统改善了传统售票模式管理效率较低、经营管理水平相对滞后等情况。通过该系统,电影管理与电影票销售更加方便了。

影院售票系统是一款集电影管理与电影票销售于一体的软件。该系统能对电影进行管理,如电影信息录入、查询电影信息以及设置放映室要播放的电影(即安排某放映室、放映时间、播放的影片)。在电影院中可以播放多个电影、有多个放映室,售票员可以销售电影院中所播放电影的电影票。

影院售票系统的主要功能如下。

(1)新增电影入院。

(2)查询电影信息。

(3)电影放映设置。

(4)电影票实时销售。

程序运行结果如下。

新增电影的效果如图 13.1 所示。

可以连续在电影院中新增多部电影,查看电影院中的影片信息,如图 13.2 所示。

图 13.1　影院售票系统程序运行结果

图 13.2　查看电影院中的影片信息

电影添加后,可以通过放映设置功能指定该部电影在某个放映室播放,如图 13.3 所示。

选择"4",实现卖票功能,销售电影票,选择放映室编号和座位号。如果购买成功,则打印出小票信息,效果如图 13.4 所示。

图 13.3　电影放映设置

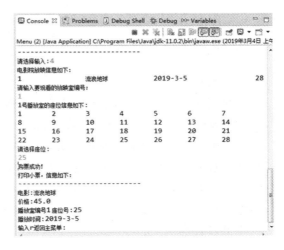

图 13.4　电影票销售

在上述步骤中，电影院 1 号放映室座位号 25 的电影票已卖出，电影院可以继续售票，但 25 号座位已无票可售，如图 13.5 所示。

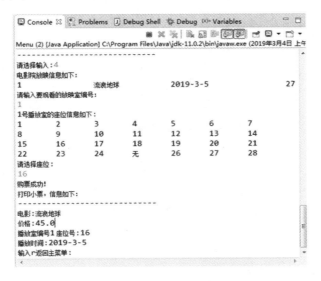

图 13.5　继续售票

◆　二、开发环境

开发语言：Java。

开发工具：Eclipse。

◆　三、项目所需技术

（1）理解程序的基本概念——程序、变量、数据类型。

（2）使用顺序结构、选择结构、循环结构、跳转语句编写程序。

（3）使用数组。

（4）定义类、创建和使用对象。

（5）定义和使用方法。

◆ 四、项目重难点分析

1. 类的设计

根据需求分析可知，项目主要的业务类有电影类、放映室类、电影院类。

（1）电影有影片名称、影片类型、主演以及票价等信息。

（2）放映室就是观看电影的地方，每个放映室有编号，如"1号放映室"。放映室按照电影院的播放安排播放电影，每个放映室内有很多座位供观影者选择。

（3）电影院里面有很多放映室，电影院会在一段时间更新影片库，即添加新电影、下架旧电影。电影院里面可以设置放映室播放的影片和销售电影票。

类的设计如图13.6所示。

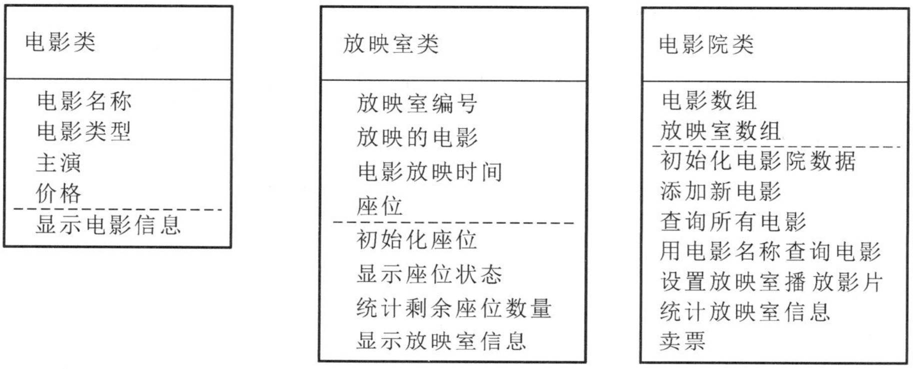

电影类	放映室类	电影院类
电影名称 电影类型 主演 价格 显示电影信息	放映室编号 放映的电影 电影放映时间 座位 初始化座位 显示座位状态 统计剩余座位数量 显示放映室信息	电影数组 放映室数组 初始化电影院数据 添加新电影 查询所有电影 用电影名称查询电影 设置放映室播放影片 统计放映室信息 卖票

图 13.6 影院售票系统类的设计

2. 显示座位表

在放映室类中，使用int类型的数组代表座位，座位顺序为数组下标的顺序，如数组下标为0的元素代表座位号为1的座位，依次类推。如果数组元素的值为0，则代表该座位的票已经售出，显示座位表时，使用"无"代替。

在程序中，首先要对座位进行初始化，代码如下。

```java
public void initialRoom() {
    for (int i=0;i<seats.length;i++) {
        seats[i]=i+1;
    }
}
```

在程序中显示座位表的代码如下。

```java
public void showSeats() {
    System.out.println(no+"号播放室的座位信息如下:");
    for (int i=0;i<seats.length;i++) {
        if(seats[i]==0) {
            System.out.print("无"+"\t");
        } else {
            System.out.print(seats[i]+"\t");
```

```
        }
        if((i+1)%7==0) {
            System.out.println();
        }
    }
}
```

3. 对象数组的使用

在电影院中，有两个属性都是对象数组：

```
Movie[] movies; // 电影
Room[] rooms; // 放映室
```

使用对象数组时，首先要创建对象数组，并为其分配空间，但这些数组中的元素均为对象，分配空间后不能直接使用，需要将对象赋值到对象数组的元素中。例如：

```
movies=new Movie[5];
rooms=new Room[6];
```

为对象数组赋值的代码如下。

```
Movie m1=new Movie();//创建对象
movie[0]=m1;//为对象数组的元素赋值
```

数组中的元素有对象而不是 null 时，该元素才能使用。

任务 2 **项目计划**

项目计划如表 13.1 所示。

表 13.1 项目计划

任 务	计 划 时 间	完成时间(学生填写)	备 注
需求分析	45 分钟		
系统设计	45 分钟		
新增与查询影片	45 分钟		
放映室播放设置	45 分钟		
售票	45 分钟		
菜单与系统交互设计	45 分钟		
项目答辩	90 分钟		

实施步骤如下。

◆ **一、项目分析**

（1）阅读项目需求，了解项目的功能。

（2）进行项目设计，设计项目中的类，提取出类的属性与方法。

（3）进行技术突破，分析项目中所有的技术，进行技术巩固与储备。

项目分析的时间为 90 分钟。

◆ **二、项目计划制订与重难点突破**

（1）制订项目编程计划。

（2）对项目中的重难点进行编码探索，突破重难点问题。

项目计划制订与重难点突破的时间为 90 分钟。

◆ **三、项目编程**

（1）实现任务 3.1，完成新增影片和查询影片信息的功能。

（2）实现任务 3.2，完成电影放映设置功能，实现设置放映室要放映的电影。

（3）实现任务 3.3，完成电影院售票的功能。

（4）完成任务 3.4，编写菜单类程序，实现系统的交互设计。

◆ **四、项目答辩**

项目日志

_____

_____

_____

_____

_____

_____

项目答辩的时间为 90 分钟。

任务 3 **项目任务分解**

任务 3.1：定义电影类，在电影院类中添加电影类的数组，实现新增电影和查询电影信息的功能。

电影类：

```java
public class Movie {
    String name;//电影名称
    String type;//电影类型
    String actor;//主演
    double price;    //价格

    //返回电影信息
    public String toString() {
        return name+"\t\t"+type+"\t\t"+actor+"\t\t"+price;
    }
}
```

电影院类：

```java
public class Cinema {
    Movie[] movies; //电影
    Room[] rooms; //放映室

    Scanner input=new Scanner(System.in);

    /**
     *初始化电影数组和放映室数组的大小
     */
    public void initial() {
        movies=new Movie[6]; //创建电影数组
        rooms=new Room[3]; //创建放映室数组
        //初始化放映室数组
        for (int i=0;i<rooms.length;i++) {
            Room room=new Room();
            room.no=(i+1);
            room.initialRoom();
            rooms[i]=room;
        }
    }

    /**
     *电影入院，添加新电影
     *
     * @return true or false,影片添加成功返回 true,否则返回 false
     */
    public boolean addMovie() {
        boolean result=false; //添加是否成功的状态
        for (int i=0;i<movies.length;i++) {
            if (movies[i]==null) {
                Movie movie=new Movie();//创建电影
                System.out.print("输入电影的名称:");
                movie.name=input.next();
                System.out.print("输入电影的类型:");
                movie.type=input.next();
                System.out.print("输入电影的主演:");
                movie.actor=input.next();
                System.out.print("输入电影的价格:");
                movie.price=input.nextDouble();
                movies[i]=movie; //将电影添加至电影数组中
                result=true;
                break;
            }
```

```
        }
        return result;
    }


    /**
    *查询,输出所有电影信息
    */
    public void showAllMovie() {
        System.out.println("电影名称\t\t电影类型\t\t电影主演\t\t电影价格");
        for (Movie movie:movies) {
            if (movie!=null) {
                System.out.println(movie);
            }
        }
    }
}
```

任务 3.2:定义放映室类,在电影院类中添加查询放映室信息、通过电影名查询电影、设置放映室播放电影的功能。

放映室类:

```
public class Room {
    int no; //放映室编号
    Movie movie; //播放电影
    String time; //播放时间
    int[] seats=new int[28]; //座位

    //初始化座位号,座位号为 0,代表该座位的票已售出
    public void initialRoom() {
        for (int i=0;i<seats.length;i++) {
            seats[i]=i+1;
        }
    }


    //查询座位
    public void showSeats() {
        System.out.println(no+"号播放室的座位信息如下:");
        for (int i=0;i<seats.length;i++) {
            if (seats[i]==0) {
                System.out.print("无"+"\t");
            } else {
                System.out.print(seats[i]+"\t");
            }
            if ((i+1)%7==0) {
```

```java
                System.out.println();
            }
        }
    }


    /**
     *设置该座位的票已售出
     *@parami 座位
     *@return true,该座位的票可以出售,且出售成功;false,该座位的票已售出,不能再次
出售
     */
    public boolean setSaleSeat(int i) {
        boolean result=false;
        if (seats[i-1]==0) {
            return false;
        } else {
            seats[i-1]=0;
            return true;
        }
    }


    /**
     *统计剩余的座位数
     *@return 座位数
     */
    public int getSeatsNum() {
        int num=0;
        for (int seat:seats) {
            if (seat!=0) {
                num++;
            }
        }
        return num;
    }


    //返回放映室信息
    public String toString() {
        return no+"\t\t"+movie.name+"\t\t"+time+"\t\t"
                +getSeatsNum();
    }
}
```

电影院类中的方法：

```
        /**
         *根据影片名称查找电影
         *@param name 影片名称
         *@return 电影
         */
    public Movie findMovie(String name) {
        Movie movie=null;
        //遍历电影数组
        for (int i=0;i<movies.length;i++) {
            if (movies[i]!=null) {
                //比较电影名称
                if (name.equals(movies[i].name)) {
                    movie=movies[i]; //获取找到的电影
                    break;
                }
            }

        }
        return movie; //返回找到的电影
    }

    /**
     *设置电影播放的地点与时间
     *@return true or false,如果设置成功返回 true,设置失败则返回 false
     */
    public boolean setMovieRoom() {
        System.out.println("放映室设置播放影片");
        System.out.print("请输入放映室编号:");
        int roomNO=input.nextInt();
        System.out.print("请输入放映影片的名称:");
        String movieName=input.next();
        System.out.print("请输入影片放映的时间:");
        String playTime=input.next();
        boolean result=false; //设置成功的状态
        Room room=rooms[roomNO-1]; //获取放映室
        if (room.movie==null) { //如果放映室没有电影
            room.movie=findMovie(movieName); //设置放映室播放的电影
            room.time=playTime;
            result=true; //设置成功
        } else {
            System.out.println("该放映室已有电影播放!");
```

```
            result=false; //设置失败
        }
        return result;
    }
```

任务 3.3：在电影院中实现售票功能。

```
/**
*显示电影院放映室的信息
*/
public void showRoomsInfo() {
    for (int i=0;i<rooms.length;i++) {
        if (rooms[i].movie!=null) {
            System.out.println(rooms[i]); //输出放映室的信息
        }
    }
}


/**
*销售电影票
*@return true or false ,销售成功返回 true,否则返回 false
*/
public boolean saleTicket() {
    boolean result=false;
    System.out.println("电影院放映信息如下:");
    showRoomsInfo(); //显示放映室信息
    System.out.println("请输入要观看的放映室编号:");
    int roomNO=input.nextInt();
    if (rooms[roomNO-1].movie!=null&&roomNO<=rooms.length) { //该电影存在
        rooms[roomNO-1].showSeats();
        System.out.println("请选择座位:");
        intseatNO=input.nextInt();
        //设置该座位状态为已购买
        boolean res=rooms[roomNO-1].setSaleSeat(seatNO);
        //打印电影票据
        if (res) {
            System.out.println("购票成功!");
            System.out.println("打印小票,信息如下:");
            System.out.println("---------------------------");
            System.out.println("电影:"+rooms[roomNO-1].movie.name);
            System.out.println("价格:"+rooms[roomNO-1].movie.price);
            System.out.println("播放室编号"+roomNO+"\t座位号:"+seatNO);
            System.out.println("播放时间:"+rooms[roomNO-1].time);
            result=true;
        } else {
```

```
                System.out.println("购票失败!");
            }
        }
        return result;
    }
```

任务 3.4:定义个性化的界面菜单类,并运行售票系统。

```java
public class Menu {
    //开始菜单
    public int startMenu() {
        Scanner input=new Scanner(System.in);
        System.out.println("----------------------------");
        System.out.println("1.新增电影");
        System.out.println("2.查看电影");
        System.out.println("3.放映设置");
        System.out.println("4.影票销售");
        System.out.println("5.退出系统");
        System.out.println("----------------------------");
        System.out.print("请选择输入:");
        int choose=input.nextInt();
        return choose;
    }

    //运行系统
    public void startRun() {
        Scanner input=new Scanner(System.in);
        System.out.println("欢迎进入影院售票系统!");
        Menu menu=new Menu();
        Cinema cinema=new Cinema();
        cinema.initial();//初始化
        int choose=0;
        do {
            choose=menu.startMenu();
            switch (choose) {
            case 1:
                cinema.addMovie();
                break;
            case 2:
                cinema.showAllMovie();
                break;
            case 3:
                cinema.setMovieRoom();
                break;
```

```
        case 4:
            cinema.saleTicket();
            break;
        default:
            System.out.println("谢谢使用！再见！");
            System.exit(0);
            break;
        }
        System.out.print("输入 r 返回主菜单:");
        if (!"r".equals(input.next())) {
            System.out.println("输入错误！程序结束！");
            break;
        }
    } while (true);
    }
}
```

任务 4　项目进度监控表

项目进度监控表如表 13.2 所示。

表 13.2　项目进度监控表

任　　务	责　任　人	进度/(%)	备　　注
需求分析			
系统设计			
新增与查询影片			
放映室播放设置			
售票			
菜单与系统交互设计			
项目答辩			

任务 5　项目总结

（收获、心得、问题、改进措施、行动）

_____
_____
_____
_____
_____
_____

项目 1　初识 Java

public：公开的　　　　　　　static：静态的
void：空的　　　　　　　　　main：主要的
class：类　　　　　　　　　　method：方法
system：系统　　　　　　　　out：输出
print：打印　　　　　　　　　line：行

项目 2　变量及数据类型

variables：变量　　　　　　　integer：整数
string：字符串　　　　　　　double：双精度浮点数
character：字符　　　　　　　long：长整数
float：单精度浮点数　　　　　boolean：布尔类型
true：真　　　　　　　　　　false：假

项目 3　数据运算

score：成绩　　　　　　　　　operator：操作
logic：逻辑　　　　　　　　　math：算术
relationship：关系　　　　　　conversion：转换
AND：与　　　　　　　　　　OR：或
NOT：非

项目 4　选择结构

if：如果　　　　　　　　　　else：否则
number：数字　　　　　　　　simple：简单
write：写　　　　　　　　　　practice：实践

项目 5　选择结构进阶

switch：开关　　　　　　　　case：情况
default：默认　　　　　　　　exit：退出
menu：菜单　　　　　　　　　exception：异常

项目 6　循环结构

while：当……的时候　　　　　index：索引
loop：循环　　　　　　　　　do：执行
copy：复制　　　　　　　　　paper：试卷
count：计数　　　　　　　　　random：随机的

项目 7　循环结构进阶

for：为　　　　　　　　　　break：跳出
continue：继续　　　　　　　return：返回
start：开始　　　　　　　　　end：结束
condition：条件　　　　　　　graphic：图形

项目 9　类和对象

object：对象　　　　　　　　initial：初始化
type：类型　　　　　　　　　return：返回
null：空　　　　　　　　　　oriented：面向

项目 10　方法

method：方法　　　　　　　　parameter：参数
deposit：存款　　　　　　　　juice：果汁
bank：银行　　　　　　　　　calculator：计算器

项目 12　数组

array：数组　　　　　　　　length：长度
index：索引　　　　　　　　sort：排序
max：最大值　　　　　　　　min：最小值
util：工具

参考文献

[1] [美]霍斯特曼·凯 S.Java 核心技术　卷 I　基础知识(原书第 10 版)[M].周立新,陈波,叶乃文,邝劲筠,杜永萍,译.北京:机械工业出版社,2016.

[2] 肖睿,崔雪炜.Java 面向对象程序开发及实战[M].北京:人民邮电出版社,2018.

[3] [美]Eckel B.Java 编程思想[M].4 版.陈昊鹏,译.北京:机械工业出版社,2007.